机械设备的装配技术工艺及其智能化发展研究

刘 鑫 陈 然 邝素琴 编 著

中国建材工业出版社

北 京

图书在版编目（CIP）数据

机械设备的装配技术工艺及其智能化发展研究/刘鑫，陈然，邝素琴编著．--北京：中国建材工业出版社，2025.1. -- ISBN 978-7-5160-4248-9

Ⅰ．TH182

中国国家版本馆 CIP 数据核字第 2024WR0523 号

机械设备的装配技术工艺及其智能化发展研究

JIXIE SHEBEI DE ZHUANGPEI JISHU GONGYI JIQI ZHINENGHUA FAZHAN YANJIU

刘　鑫　陈　然　邝素琴　编　著

出版发行：**中国建材工业出版社**

地　　址：北京市西城区白纸坊东街 2 号院 6 号楼

邮　　编：100054

经　　销：全国各地新华书店

印　　刷：北京印刷集团有限责任公司

开　　本：787mm×1092mm　1/16

印　　张：8.25

字　　数：200 千字

版　　次：2025 年 1 月第 1 版

印　　次：2025 年 1 月第 1 次

定　　价：**68.00 元**

前　言

随着工业技术的不断进步和智能化时代的到来，机械设备装配技术已成为工业制造领域不可或缺的一环，机械装配技术不仅影响着设备的性能和使用寿命，更直接关系到工业生产的效率和质量。近年来，随着国内外市场的竞争加剧，人们对机械装配技术的要求越来越高，传统的装配方法已难以满足现代工业制造的需求，因此，对机械装配技术进行深入研究和创新已成为当务之急。

当前，机械装配技术的发展正面临着诸多挑战和机遇。一方面，随着新材料、新工艺和新技术的不断涌现，机械装配技术不断更新换代，对技术人员的素质和技能提出了更高要求；另一方面，随着智能制造、绿色制造等理念的推广，机械装配技术向数字化、智能化、环保和节能等方向发展，为行业的可持续发展提供了新的动力。

本书的研究意义和价值主要体现在以下几个方面：首先，本书对机械装配技术进行了系统、全面的研究和探讨，以帮助读者全面了解和掌握机械装配技术及其发展趋势，为相关领域的研究和实践提供理论支持和参考依据。其次，本书不仅注重理论探讨，还关注机械装配技术在工程实践中的应用和发展方向，具有实用性和指导性。再次，本书对机械装配技术的创新和未来发展进行了前瞻性的探讨，有助于推动机械装配技术的创新和发展，促进工业制造的转型升级和可持续发展。最后，本书的研究成果有助于提高工业生产效率、产品质量和工作安全性，推动工业制造向智能化、绿色化方向发展，具有重要的实践价值。

全书共约 20 万字，分为六章展开论述：第一章、第二章由刘鑫编著，约 8 万字；第四章、第五章由陈然编著，约 7 万字；第三章、第六章由邝素琴编著，约 5 万字。

编　者

2024 年 1 月

目　录

第一章　机械设备的装配技术概述

机械设备装配技术是工业制造中不可或缺的一环，它涉及机械零件的组装、调试、检测等多个环节，直接关系到产品的质量和生产效率。随着科技的不断发展，机械设备装配技术也在不断地创新和进步，为工业制造的发展提供了强有力的支撑。

本章先简要介绍机械设备装配技术，再详细介绍机械装配的基本过程与流程、常见的装配方法以及装配中所需的工具与设备，同时强调标准化与规范在装配过程中的重要性；聚焦机械装配的关键技术，包括拆装配技术、配合配件加工与装配技术、机械连接件的选择与应用以及装配过程中的工艺控制与检测。通过本章，希望能够使读者对机械设备装配技术有一个全面而深入的认识，为后续深入研究和实践打下坚实的基础。同时本章内容也将为相关领域的工程技术人员、研究人员和决策者提供有益的参考和启示，共同推动机械设备装配技术的不断创新和发展。

第一节　机械装配技术的定义与意义

一、机械装配技术的概念界定

机械装配技术作为现代制造业的核心环节，是实现机械产品从零部件到完整设备转化的关键过程，它不仅涉及零部件之间的物理连接，更涉及成品设备的机械性能、精度和可靠性。随着科技的飞速发展，机械装配技术也在不断进化，从传统的手工装配到现代的自动化、智能化装配，每一步的变革都推动着工业制造水平的提升。

（一）机械装配技术的定义

机械装配技术作为现代制造业中的一项关键工艺，其定义远非简单的"将零部件组合在一起"所能涵盖。它实质上是一个综合性极强的技术体系，涉及从产品设计、材料选择到制造工艺和质量控制等多个环节。

机械装配技术强调的是"按照设计要求"进行。这意味着装配过程不仅要确保零部件之间的物理连接牢固可靠，还需要确保设备运行时各项性能参数达到设计标准。例如，某些高精度设备对装配过程中的公差控制有极高的要求，这就需要在装配过程中增加精密测量和校准等环节。机械装配技术不仅仅是将零部件简单地连接在一起，更涉及如何确保设备在运行过程中的稳定性和可靠性。要求装配人员不仅要掌握各种装配工艺和方法，还需要对机械产品的结构和工作原理有深入的了解。此外，现代机械装配技术还注重自动化和智能化的发展。通过引入先进的自动化设备和智能化技术，可以实现装配过程的高精度、高效率和高可靠性。这不仅提高了生产效率，还降低了人工成本，为制造业的转型升级提供了有力的技术支持。

（二）机械装配技术的意义

机械装配技术的意义，不仅因为它是机械产品制造流程中的一个重要环节，更因为它是实现机械产品价值的关键所在。在现代制造业中，机械装配技术所扮演的角色至关重要，它如同一座桥梁，将机械产品的设计和生产联系起来，将设计理念转化为实际的产品。首先，机械装配技术直接关系到产品的质量和性能。一个优秀的机械产品，其设计理念和技术支持固然重要，如果没有高质量的装配工艺作为保障，那么实际产品的性能和可靠性都无法得到有效的保证。装配过程中的每一个环节、所有细节，都可能对最终产品的质量和性能产生深远的影响。因此，机械装配技术的水平直接决定了产品的质量和企业的竞争力。其次，随着智能制造和绿色制造的发展，机械装配技术还承载着推动工业制造向更高方向发展的使命。通过引入先进的装配工艺和设备，可以实现生产过程的自动化和智能化，从而提高生产效率，降低人工成本。同时，装配过程中的节能减排和资源循环利用等环保措施，也有助于减少环境污染，实现绿色制造。

随着科技的不断进步和市场的日新月异，机械装配技术面临前所未有的发展机遇，并呈现出自动化、智能化和柔性化等明显的发展趋势。机械装配技术将不断发展和创新，为工业制造领域带来更多的可能性和机遇。因此，深入研究和探讨机械装配技术的定义、意义和发展趋势，对于推动工业制造水平的提升和促进制造业的可持续发展具有重要的理论和实践价值。

二、机械装配技术在工程领域中的作用

机械装配技术作为工程领域中的核心技术之一，对于确保工程项目的高质量实施、提升产品性能以及满足多样化的市场需求具有至关重要的作用。在现代工程领域中，从航空航天到汽车制造，从能源设备到精密仪器，机械装配技术都扮演着举足轻重的角色。

（一）机械装配技术在保障工程项目质量中的作用

机械装配技术，作为工程项目中不可或缺的一环，其重要性不言而喻。在工程项目中，无论是桥梁、建筑、船舶还是其他各种机械设备，都需要通过机械装配技术将各个零部件精密、准确地装配在一起，形成一个完整、功能齐全的系统，这一过程对于保障工程项目的质量具有至关重要的作用。

高质量的装配工艺能够确保机械零部件之间的精确配合和稳定运行。在工程项目中，每一个零部件都有其特定的功能和作用，它们之间的配合关系直接影响到整个系统的性能和稳定性。如果装配工艺不够精确，零部件之间的配合出现偏差，那么整个系统的性能就会受到影响，甚至可能导致系统无法正常运行。因此，装配人员必须具备丰富的经验和精湛的技能，能够精确地控制每一个零部件的位置和姿态，确保它们之间的配合关系达到最佳状态；为了确保装配过程的准确性和一致性，还需借助先进的测量设备和工艺控制手段。具体控制方案见表 1-1-1。

表 1-1-1　机械装配技术在保障工程项目质量中的相关措施与效果

措施	描述	效果
先进测量设备应用	激光跟踪仪、三维扫描仪等精确测量设备	提高装配精度，减少装配误差
工艺管理系统引入	采用先进的工艺管理系统	优化装配流程，提高装配效率
质量控制体系建立	全面的质量控制标准和检测手段	确保装配质量，降低故障率
装配过程监控	实时监控装配过程，及时发现和解决问题	减少装配缺陷，提高产品质量

措施	描述	效果
装配人员培训	提高装配人员的技能和素质	增强装配操作的准确性和规范性
故障率降低	严格的质量控制和管理	提高工程项目的可靠性和稳定性
维修成本减少	减少产品故障，降低维修需求	降低工程项目的维护成本和时间成本
经济效益提升	高质量的产品增强市场竞争力	提高企业的经济效益和市场地位

（二）机械装配技术在提升产品性能中的作用

机械装配技术在提升产品性能中扮演着至关重要的角色。一个产品的性能不仅取决于其设计理念和使用的材料，更与其内部零部件的装配精度和配合关系密切相关。因此机械装配技术水平的高低直接影响到产品性能的实现和发挥。

首先，先进的装配工艺是提升产品性能的关键。装配工艺的选择和实施直接影响到零部件之间的配合精度和稳定性。通过采用先进的装配工艺，如精密测量、高精度定位、无损检测等措施可以确保零部件之间的精确配合，减少因装配不当导致的性能损失。此外，装配工艺的优化还可以提高产品的可靠性和耐久性，延长产品的使用寿命，从而为用户带来更好的使用体验。

其次，质量控制是提升产品性能的重要保障。在机械装配过程中，质量控制是确保装配精度和稳定性的重要手段。通过制定严格的质量标准和检验流程，对装配过程进行全面监控和管理，可以及时发现和解决装配过程中出现的问题，确保产品的性能和质量达到设计要求。同时，质量控制还可以促进装配工艺的改进和优化，推动机械装配技术的不断进步和发展。

最后，机械装配技术还与产品的创新和升级密不可分。随着市场需求的不断变化和技术的不断进步，产品需要不断进行创新和升级以满足用户的需求。而机械装配技术作为产品制造的关键环节之一，其创新和发展直接影响技术创新和升级能力。通过引入新的装配工艺、材料和设备，可以推动产品的性能提升和功能拓展，满足市场的新需求。

（三）机械装配技术在满足多样化市场需求中的作用

随着科技的飞速发展和市场需求的日益多样化，机械装配技术在满足不断变化的需求方面展现出了巨大的潜力和价值，现代工程项目往往面临着复杂多变的市场环境和用户需求，这就要求机械装配技术必须具备高度的灵活性和适应性，能够快速响应并满足各种不同的需求。

为了满足市场需求的多样化和个性化，机械装配技术正不断向灵活化和模块化方向发展，传统的机械装配方式往往采用固定的工艺流程和标准化的零部件，难以适应市场的快速变化。而现代机械装配技术则通过采用灵活的装配工艺和模块化的设计方法，使得装配过程越发灵活多变，以快速适应市场的变化。这种模块化的设计方法使得零部件之间具有高度的互换性和通用性，从而降低了生产成本，提高了生产效率。同时，随着智能制造和定制化生产的发展，机械装配技术还能够实现个性化的定制生产。通过引入先进的智能化设备和系统，机械装配技术能够根据用户的独特需求，生产出更具个性的功能和外观的产品。这种个性化的定制生产不仅满足了用户对于个性的追求，也为企业开辟了新的市场空间和盈利点。此外，机械装配技术的高度灵活性和适应性还体现在与其他先进制造技术的融合应用上。例如，机械装配技术与增材制造、数字化设计等技术的结合，可以实现更加复杂和精细的装配过程，进一步提升产品的性能和质量。

三、机械装配技术与生产效率的关系

在制造业中，生产效率是衡量一个企业竞争力的重要指标。而机械装配技术作为制造业中的关键环节，与生产效率有着密不可分的关系，先进的机械装配技术不仅可以提高生产速度，降低生产成本，还能确保产品质量，从而为企业带来更大的经济效益。

（一）机械装配技术对提高生产效率的直接影响

一项先进的装配工艺、自动化的设备以及智能化的系统可以极大地推动装配工作的速度，从而在短时间内完成更多的生产任务。这种技术进步减少了大量的人工操作，使得原本由人工完成的复杂、烦琐的装配步骤变得简便、快捷。这不仅降低了生产成本，还减少了人力资源的浪费，使得企业能够更加专注于其他核心竞争力的提升。

以机器人为例，现代装配线上的机器人可以实现 24h 不间断作业，而不需要休息或换班。这种高效的作业模式使得生产效率得到大幅飞跃。与此同时，由于机器人操作的精确性和稳定性，装配过程中的错误和故障率也大幅度降低。这不仅避免了重复作业和返工，还大大提高了产品的质量，为企业赢得了更多的市场份额。更为值得一提的是，先进的机械装配技术还能够实现生产过程的实时监控和数据分析。这意味着管理者可以实时了解生产线的运行状态，及时发现并解决问题，避免生产瓶颈和浪费。这种透明化的生产方式使管理者能够做出更加明智的决策，进一步提高生产效率。

（二）机械装配技术对生产流程优化的促进作用

机械装配技术对于生产效率的提升不仅体现在作业速度提升上，更重要的是它能够通过优化生产流程，实现生产效率的间接提升。这种提升方式所产生的作用往往更加深远和持久，因为它触及了生产的核心环节和整体结构。模块化设计、柔性制造系统和先进机械装配技术见表 1-1-2。

表 1-1-2　机械装配技术

技术/设计思路	描述/特点	效益/影响
模块化设计	将复杂的机械产品分解为若干独立模块，每个模块可独立设计、制造和装配	1. 简化单个模块的装配过程。 2. 装配过程可并行进行，缩短装配时间。 3. 便于模块的快速替换和升级，提高生产效率
柔性制造系统	根据市场需求变化，快速调整生产流程和产品配置，实现多品种、小批量生产	1. 高度灵活和适应，快速切换生产线和产品。 2. 避免传统生产模式下的生产停滞和浪费。 3. 提高生产效率，满足个性化、多样化的市场需求
先进机械装配技术	实现生产过程的实时监控和数据分析，通过引入传感器、物联网等技术获取生产数据	1. 实时发现生产问题，采取相应措施改进。 2. 避免生产瓶颈和浪费，优化生产流程。 3. 实现生产效率的持续提升，提高产品质量和竞争力

（三）机械装配技术对企业整体竞争力的提升作用

机械装配技术对企业整体竞争力的提升具有深远影响，这种影响不仅体现在生产效率和成本的控制，更体现在企业的市场响应速度、产品质量和品牌形象等多个方面。

首先，高效的机械装配技术意味着产品从设计到生产的周期大大缩短。当企业能够

更快地推出新产品或对市场变化做出及时响应时，就有可能抓住更多的商机，满足消费者多样化需求。这种快速的市场响应能力是企业赢得市场份额和客户信任的关键。

其次，先进的机械装配技术确保了产品质量的稳定性和可靠性。在现代制造业中，产品的质量和性能会直接影响客户的满意度和忠诚度，只有当产品能足够稳定时，企业才能赢得客户的长期信任和支持，而这种质量的保障，离不开机械装配技术的精湛和先进。

最后，不断研发和应用先进的机械装配技术，可以使企业在激烈的市场竞争中形成技术壁垒和核心竞争力。当企业拥有了独特的装配工艺和技术后，就能够在市场上形成差异化竞争优势，与其他企业区分开来。

四、机械装配技术对产品质量的影响

产品质量是企业的生命线，直接关系到企业的声誉、客户满意度和市场竞争力。在机械制造业中，机械装配技术作为产品制造的最后一道工序，对产品质量的影响尤为显著。装配质量的好坏直接决定了产品的性能、可靠性和使用寿命。因此，探讨机械装配技术对产品质量的影响，对于提高产品质量、增强企业竞争力具有重要意义。

（一）机械装配技术对产品精度的影响

机械装配技术作为确保产品精度的核心要素，贯穿于整个产品制造过程。精度作为衡量产品质量的一项重要指标，不仅关乎产品的性能表现，更直接关系到产品的使用寿命和可靠性。在机械装配环节，每一个零部件的对接、固定和调整，都是对产品精度的一次严峻考验。因此，高精度的装配技术和设备支持尤为关键。

现代机械装配技术，特别是激光跟踪测量和数控机床等先进技术的应用，为产品精度的提升提供了有力保障。激光跟踪测量技术通过高精度的激光发射器和接收器，能够实时监测装配过程中各部件的位置和姿态，确保装配的精确无误。而数控机床则以其高度的自动化和精度控制，实现了微米级甚至纳米级的加工精度，为产品各部件之间的配合提供了坚实的基础。然而，仅仅依赖先进的设备和技术是不够的。装配过程中的温度、力度、振动等因素都会对产品精度产生影响。这些因素的变化可能导致零部件的形变、配合间隙的变化等，从而影响到产品的整体精度。因此，装配技术人员需要具备丰富的经验和专业知识，对装配过程进行精确控制，确保每一个细节都符合精度要求。

（二）机械装配技术对产品质量稳定性的影响

机械装配技术的稳定性和一致性是确保产品质量稳定性的关键因素。在进行批量生产时，如果装配工艺缺乏稳定性或操作不规范，产品质量很容易产生波动，甚至出现批次性的质量问题。这不仅损害了企业的声誉，还可能导致客户流失和重大的经济损失。

为了确保装配过程的稳定性和一致性，企业首先要建立严格的装配工艺规范。这包括详细的操作流程、参数设置、检验标准等，确保每一个装配环节都有明确的指导和要求。同时，企业还应实施严格的质量管理体系，通过定期的质量检查、审核和持续改进，确保装配工艺的稳定执行。此外，引入自动化设备和智能化系统也是提高装配过程稳定性和一致性的重要手段。自动化设备可以减少人为操作的失误，提高装配的精度和效率；而智能化系统则可以通过数据分析和预测，优化装配过程，及时发现和解决问题。这些技术手段的应用，不仅提高了装配过程的稳定性和可控性，还有助于企业实现数字化转型，提升整体竞争力。

（三）机械装配技术对产品创新的影响

机械装配技术作为制造业的核心环节，不仅关乎产品质量，更在推动产品创新方面发挥着至关重要的作用。在当下科技飞速发展、市场需求日新月异的时代，产品设计和制造过程中的创新需求变得迫切。正是在这样的背景下，先进的机械装配技术如模块化设计、柔性制造等应运而生，为产品创新注入了强大的活力。

作为一种先进的装配技术，模块化设计允许企业根据市场需求快速组合和更换不同的功能模块，从而实现产品的快速定制。这种灵活性不仅满足了客户的个性化需求，也使企业能更快地响应市场。而柔性制造则通过智能化的生产系统，使得企业能够迅速调整生产流程，应对市场变化，实现小批量、多品种的生产模式。除了直接推动产品创新，先进的机械装配技术还为企业与科研院所、高校等机构的合作与交流搭建了桥梁。通过与这些机构的紧密合作，企业可以不断引进和研发新的装配技术，还推动产学研一体化发展。这种合作模式不仅有助于企业技术创新能力的提升，更为产品创新提供了源源不断的动力。

第二节　机械装配过程与方法

一、机械装配的基本过程与流程

机械装配是制造业中不可或缺的一环，涉及多个学科的知识和技术。在机械装配过程中，需要确保各个零部件能够按照设计要求准确地组合在一起，实现产品的整体功能和性能。为了达到这一目标，需要遵循一定的装配流程和方法。本节将探讨机械装配的基本过程与流程，包括装配前的准备、装配过程的实施以及装配后的检验与调试，以确保产品质量的稳定和可靠。机械装配流程如图 1-2-1 所示。

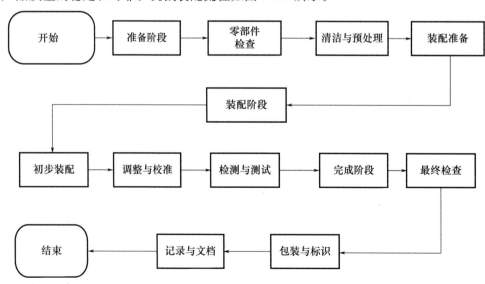

图 1-2-1　机械装配流程图

（一）装配前的准备

装配前的准备工作是机械装配过程中至关重要的一步，它直接关系到后续装配过程的顺利进行以及最终产品的质量。首先，对零部件进行全面的检查是必不可少的，包括对零部件的外观、尺寸、材质等方面进行仔细的检查，确保其质量符合设计要求。如果发现零部件存在缺陷或不符合要求，应及时进行更换或修复，以确保装配的稳定性和可靠性。其次，对装配场地进行清理和整理也是至关重要的。装配场地应该保持整洁、有序，避免杂物或障碍物影响装配操作。同时装配场地还应该具备相应的安全设施，如灭火设备、急救箱等，以应对可能发生的意外情况。最后，装配工具和设备的准备也是不可忽视的一环。选择适当的装配工具和设备，不仅可以提高装配效率和装配精度，还可以降低装配过程中的风险和成本，因此在选择装配工具和设备时，应根据具体的装配要求和产品特点进行综合考虑，选择最适合的工具和设备。

（二）装配过程的实施

作为机械装配的核心环节，装配过程的实施直接决定了产品的最终质量和性能。为了确保装配过程的顺利进行和装配质量的稳定可靠，需要采取一系列具体的实施措施。必须严格按照装配工艺流程的要求进行操作，装配工艺流程是经过多年的实践经验和技术积累形成的，它规范了装配过程中的每一个步骤和细节，因此在实际装配过程中，操作人员必须严格按照工艺流程的要求进行操作，不得随意更改或省略任何一个步骤。此外，还要特别注意零部件之间的配合关系和装配顺序，零部件之间的配合关系直接影响到产品的整体性能和稳定性，如果配合关系不当，可能导致产品在使用过程中出现故障或性能下降。因此在装配过程中，操作人员需要根据零部件的形状、尺寸和精度要求，选择合适的配合方式和装配顺序，确保各个零部件能够紧密配合、稳定工作。对装配过程进行严格的监控和管理也是至关重要的，装配过程中可能会出现各种意外情况，如零部件损坏、装配错误等。为了确保装配质量的稳定和可靠，需要对装配过程进行实时的监控和管理。

（三）装配后的检验与调试

装配完成后的检验与调试是机械装配流程中不可或缺的一环，它确保了最终产品的质量和性能达到预设标准，这一过程涉及多个具体步骤，每一个步骤都至关重要。整理步骤见表 1-2-1。

表 1-2-1　检验调试步骤

步骤序号	检查/测试内容	描述与目的
1	外观检查	检查产品的整体外观，查看是否有明显瑕疵、损坏或装配不当的情况。关注紧固件、接口和零部件的状态。该步骤是发现潜在问题的第一步
2	尺寸精度检查	使用专业的测量工具，如卡尺、千分尺等，对产品的关键尺寸进行精确测量，确保符合设计要求。该步骤可以确保产品的几何精度和装配质量
3	功能测试	操作产品的各个功能部件，检查其是否能正常工作、响应是否灵敏，并检查是否有异常声音或振动。该步骤是验证产品设计意图的关键环节
4	性能测试	在特定的工作环境下，对产品进行长时间的连续运行测试，观察其性能参数是否稳定，是否存在过热、耗电量大等问题。该步骤可确保产品在实际使用中的可靠性和耐久性

步骤序号	检查/测试内容	描述与目的
5	调试与优化	根据以上检查结果，对产品进行必要的调试和优化，如调整紧固件、优化机械结构等，以确保产品在出厂前达到最佳状态

机械装配过程与方法是确保产品质量和性能的关键环节，通过装配前的准备、装配过程的实施以及装配后的检验与调试，可以确保各个零部件能够按照设计要求准确地组合在一起，实现产品的整体功能和性能。在实际操作过程中，需要严格遵守装配工艺流程和规范，确保装配质量的稳定和可靠。同时还需要不断引进和研发先进的装配技术和设备，提高装配效率和精度。

二、常见的机械装配方法

机械装配是制造业中不可或缺的一环，其目的是将各个零部件按照设计要求准确地组合在一起，实现产品的整体功能和性能。随着技术的不断进步，机械装配方法也在不断创新和完善。以下将探讨三种常见的机械装配方法，包括互换装配法、分组装配法和修配装配法。

（一）互换装配法

互换装配法是一种基于零部件互换性的装配方法，在这种方法中，每个零部件都按照统一的标准和规格进行制造，确保它们之间具有高度的互换性。在装配过程中，不需要对零部件进行额外的加工或调整，只需按照装配工艺流程进行简单的组合即可，互换装配法的优点在于装配过程简单、效率高，且易于实现自动化生产。然而为确保互换性，互换装配法对零部件的制造精度要求非常高。对于复杂的产品，互换装配法可能需要大量的零部件种类，从而增加了库存和管理的难度。相对简洁且高效的实施步骤见表1-2-2。

表 1-2-2　互换装配法实施步骤

阶段	描述与要求
设计阶段	零部件设计是互换性的基础。明确每个零部件的尺寸、形状、公差等参数，确保符合互换性要求。互换装配法需要借助先进的 CAD 软件进行精确的三维建模和公差分析
制造阶段	严格控制加工精度和质量。采用先进的加工设备和工艺，确保零部件的尺寸和形状符合设计要求。本阶段对零部件进行严格的质量检测，确保符合互换性要求
装配阶段	装配过程简单、快速且质量稳定可靠。按照预定的装配工艺流程，将合格的零部件按照顺序和位置进行组合。由于零部件之间的高度互换性，装配过程无须复杂调整

互换装配法还有助于提高产品质量和稳定性，因为每个零部件都符合统一的标准和规格，装配后的产品性能一致性好。然而互换装配法对零部件的制造精度要求非常高，为了确保零部件的互换性，需要采用先进的加工设备和工艺，严格控制加工精度和质量。

（二）分组装配法

分组装配法是一种将零部件按照一定的尺寸范围或特性进行分组的装配方法。首先，对每个零部件的尺寸或特性进行测量，然后根据测量结果将其分入相应的组别。在装配过程中，只需从每个组别中选取相应的零部件进行组合即可。分组装配法可以降低对单个零部件制造精度的要求，因为只需要保证同一组内的零部件具有相似的尺寸或特性即可。此外，进行合理的分组和组合，就可以优化装配过程，提高装配效率。

分组装配法的核心在于通过预先的测量和分组，使得在装配时能够迅速选取到合适的零部件，从而简化装配过程。具体实施步骤见表 1-2-3。

表 1-2-3　分组装配法实施步骤

步骤	描述
1. 测量与分组	对每个零部件的关键尺寸或特性进行测量，如长度、宽度、高度、质量、材料硬度等。根据测量结果，将零部件分为不同的组别，确保每组零部件具有相似的尺寸或特性
2. 标识与记录	对每个组别的零部件进行明确标识，如颜色编码、标签、数字编码等，以便装配时准确识别。记录每个组别零部件的数量和存放位置，便于装配时快速查找
3. 装配	根据产品设计要求，从每个组别中选取相应的零部件进行组合。由于同一组内的零部件具有相似的尺寸或特性，因此可以提高装配的准确性和效率
4. 检验与调整	完成装配后，对产品进行必要的检验和调整，确保产品的性能和质量符合设计要求。如发现装配问题或不符合要求的零部件，及时调整或更换

分组装配法的优点在于它可以降低对单个零部件制造精度的要求。由于同一组内的零部件有相似的尺寸或特性，即使单个零部件的制造精度略有偏差，也不会对整个装配过程产生太大的影响。此外，通过合理的分组和组合，可以优化装配过程，提高装配效率。然而，分组装配法也存在一些缺点。它需要额外的测量和分组步骤，这增加了装配的复杂性和成本。同时，如果产品结构较复杂，可能需要多个组别的零部件，这进一步增加了装配的复杂性和管理难度。因此，在选择分组装配法时，需要综合考虑产品特点、生产条件和装配要求等因素。

（三）修配装配法

修配装配法是一种通过修配和调整零部件的尺寸和形状来实现装配的方法，在装配过程中，如果发现零部件之间存在配合间隙或干涉等问题，可以通过修配和调整解决。修配装配法通常需要在装配现场进行，并要求施工人员具备一定的修配技能和经验。

修配装配法特别适用于那些结构复杂、尺寸庞大或精度要求高的产品，这些产品在装配过程中可能会遇到各种配合间隙或干涉问题。具体实施步骤见表 1-2-4。

表 1-2-4　修配装配法实施步骤

步骤	描述
1. 初始装配	按照常规方法进行零部件的初步装配，可能会发现配合问题，如间隙过大或过小、干涉等
2. 问题诊断	对装配过程中出现的问题进行仔细诊断，检查零部件的尺寸、形状和配合关系，确定需要修配和调整的具体部位
3. 修配作业	根据问题诊断的结果，对零部件进行修配，可能包括铣削、磨削、钻孔、焊接等多种加工方式，目标是使零部件达到理想的配合状态

步骤	描述
4.调整后装配	完成修配后，再次进行装配，由于修配作业已解决配合问题，装配过程应更加顺利
5.质量检验	对装配完成的产品进行全面的质量检验，包括外观检查、尺寸测量、性能测试等，确保产品符合设计要求和质量标准

修配装配法的优点在于它可以灵活处理各种装配问题，特别适用于复杂产品和大型设备的装配。由于修配作业可以针对具体问题进行精确调整，可以大大提高装配的准确性和可靠性。然而，修配装配法也存在一些缺点。首先，它要求装配工人具备较高的技能水平，因为修配作业需要精确的操作和丰富的经验。其次，修配过程可能需要较长的时间和成本，因为需要进行多次的试装和调整。此外，修配装配法的质量稳定性较低，因为每次修配都可能对零部件的尺寸和形状产生影响。因此，在选择修配装配法时，需要综合考虑产品特点、生产条件和装配要求等因素。

三、机械装配中的常用工具与设备

机械装配是制造业的核心环节，其中涉及的工具与设备对于提高装配效率、保证装配质量至关重要。随着技术的不断进步，机械装配领域涌现出许多先进的工具和设备，它们为装配过程的自动化、智能化提供了有力支持。本书将探讨机械装配中常用的三种工具与设备——装配工作台、紧固工具和测量设备，并对它们的应用和优势进行详细分析。

（一）装配工作台

装配工作台是机械装配过程中不可或缺的基础设备，它提供了一个稳定、平整的工作平台，使装配操作能够准确、高效地进行，装配工作台通常具备多种功能，如可调节高度、可旋转的工作台面等，以满足不同的装配需求。在装配过程中，装配工作台能够提供良好的工作环境，减少装配误差，提高装配效率。此外，装配工作台还有承载能力强的特点，能够承受质量较大零部件的重力，确保装配过程的稳定性。

稳定、平整的工作平台对装配操作来说至关重要，因为只有在稳定的工作平台上，装配工人才能准确、高效地完成各项操作。无论是大型的机械设备还是精密的零部件，都需要一个稳固的支撑来保证装配的准确性和精度。装配工作台通常具备多种功能，以满足不同的装配需求。例如，可调节的高度使得装配工人可以根据自己的身高和习惯来调整工作台的高度，从而减轻长时间工作带来的身体负担；可旋转的工作台面则可以方便装配工人从多个角度进行操作，提高装配效率。此外装配工作台还具备承载能力强的特点。在机械装配过程中，常常需要处理质量较大的零部件，装配工作台必须有足够强度，并确保装配过程的稳定性。

（二）紧固工具

紧固工具是机械装配中用于固定和连接零部件的重要设备。常见的紧固工具有螺丝刀、扳手、气动螺丝刀等。这些工具能够快速、准确地完成紧固操作，提高装配效率。紧固工具的选择应根据具体装配需求进行。例如，对于大型设备或重型零部件的装配，可能需要使用高强度、大扭矩的扳手或气动螺丝刀；而对于精密装配，则需要使用精度较高的螺丝刀或扭矩控制工具。

紧固工具能够快速、准确地完成紧固操作，极大地提高了装配效率。在机械装配过程中，零部件之间的连接和固定至关重要，而紧固工具正是完成这一任务的关键。例如，螺丝刀可以迅速拧紧螺丝，确保零部件之间的紧密连接；扳手则可以应对更大扭矩的需求，适用于大型设备或重型零部件的装配。此外，随着技术的进步，气动螺丝刀等自动化工具的出现，更进一步提高了装配效率。紧固工具的选择应根据具体装配需求进行，不同的装配任务对紧固工具的要求各不相同。例如，对于大型设备或重型零部件的装配，需要选择高强度、大扭矩的扳手或气动螺丝刀，以确保连接的牢固性和稳定性；而对于精密装配，则需要使用精度较高的螺丝刀或扭矩控制工具，以避免因过度拧紧或不足而引发后续的装配困难。此外紧固工具的使用也需要注意安全。在装配过程中，操作人员应正确使用工具，避免过度用力或不当操作导致的意外伤害。同时，定期对紧固工具进行检查和维护，确保其处于良好的工作状态，也是保证装配质量和安全的重要措施。

（三）测量设备

测量设备在机械装配过程中起到至关重要的作用。它们能够精确测量零部件的尺寸、形状和位置，为装配过程提供准确的数据支持。常见的测量设备有卡尺、千分尺、测量投影仪等。测量设备的应用能够确保装配的准确性和精度。通过对零部件的测量，可以及时发现和处理装配过程中的问题，减少装配误差。此外，测量设备还能够为装配过程的质量控制提供有力支持，确保最终产品的质量和性能符合设计要求。

测量设备能够精确测量零部件的尺寸、形状和位置。在装配过程中，每一个零部件的尺寸和形状都必须符合设计要求，否则可能导致装配失败或产品性能不达标。通过测量设备，装配人员可以对零部件进行精确的测量，确保它们符合设计要求，为装配过程提供准确的数据支持。测量设备的应用能够及时发现和处理装配过程中的问题，减少装配误差。在装配过程中，可能会出现各种意外情况，如零部件尺寸不符、装配位置不准确等。通过测量设备，装配人员可以及时发现这些问题，并采取相应的措施进行处理，从而避免装配误差的产生。此外，测量设备还能够为装配过程的质量控制提供有力支持，在装配过程中，质量控制是至关重要的一环。通过定期对装配好的产品进行测量和检查，装配人员可以确保产品的质量和性能符合设计要求，从而提高产品的可靠性和耐用性。

四、机械装配的标准化与规范化

随着工业技术的不断进步和市场竞争的日益激烈，机械装配的标准化与规范化已成为提升产品质量、提高生产效率、降低成本的关键因素。标准化与规范化不仅能够确保装配过程的准确性和一致性，还能够提高装配效率，减少装配错误，从而为企业创造更大的经济效益。下文将探讨机械装配的标准化与规范化，从三个方面进行论述：标准化与规范化的重要性、标准化与规范化的实施方法以及标准化与规范化带来的益处。

（一）标准化与规范化的重要性

机械装配的标准化与规范化在制造业中扮演着至关重要的角色，它们不仅关乎产品的最终质量，还直接影响着生产效率和成本。在高度竞争的市场环境下，企业需要不断提升自身的生产能力和产品竞争力，而标准化与规范化正是实现这一目标的关键。

标准化能够确保装配过程中的每一个步骤和环节都遵循统一的标准和要求，这意味着无论是哪个工人、哪个班次，甚至是哪个工厂，都能按照相同的标准进行操作，从而减少了装配错误和缺陷的产生。这种一致性提高了产品的合格率，从而增强了客户对产品的信任。规范化能够确保装配过程中的操作规范、安全规范等得到严格执行，在机械装配过程中，安全始终是第一位的，通过制定和执行严格的操作规范和安全规范，企业可以确保员工的人身安全，避免因操作不当而引发的事故。这不仅保障了员工的生命安全，也减少了因事故导致的生产中断和成本损失。随着科技的发展，越来越多的自动化设备和智能技术被应用到机械装配中，而标准化与规范化为这些技术的应用提供了前提和基础，通过制定统一的标准和规范，企业可以以更低的成本实现设备的兼容性和互换性，从而推动装配过程的自动化和智能化，这不仅提高了装配效率，还降低了对人工操作的依赖，进一步降低了生产成本。

（二）标准化与规范化的实施方法

为了确保机械装配的标准化与规范化得到有效实施，企业需要采取一系列切实可行的措施。这些措施旨在建立健全的装配流程和操作规范、加强员工培训和技能提升，以及建立完善的质量管理体系和监督机制。建立完善的装配流程和操作规范是实施标准化的基础，企业需要制定详细的装配流程，明确每一步装配的具体要求和操作方法。同时操作规范也是必不可少的，它要求员工在装配过程中遵循统一的操作标准和安全规范。这些流程和规范应该基于行业标准和企业实际情况进行制定，确保它们既符合法规要求，又能提高生产效率。

加强员工培训和技能提升是实施标准化的关键，企业需要定期对员工进行装配流程和操作规范的培训，确保员工能够熟练掌握相关知识和技能。此外，企业还可以通过开展技能竞赛、设立奖励机制等方式，激励员工学习技能、提升自身素质。通过这些措施，企业可以确保员工具备执行标准化和规范化装配的能力。

建立完善的质量管理体系和监督机制是确保标准化和规范化装配得以持续执行的重要保障，企业还应建立完善的质量管理体系，明确质量目标和责任分工，确保装配过程中的每一个环节都得到有效的质量控制。同时建立监督机制也是必不可少的，通过对装配过程进行全面监控和管理，企业可以及时发现和纠正装配过程中的问题，确保标准化与规范化的有效执行。

（三）标准化与规范化带来的益处

标准化的实施确保了装配过程的准确性和一致性，每一个零部件、每一道工序都遵循统一的标准，从而大大减少了因人为操作差异导致的装配误差。首先，这种高度的准确性确保了最终产品的性能和质量稳定可靠，完全符合设计要求，从而赢得了客户的信赖和市场的认可。其次，标准化与规范化在提高装配效率、降低生产成本方面发挥了显著作用，标准化的操作流程减少了额外的重复工作，简化了装配过程，从而缩短了生产周期。同时，规范化的操作减少了安全事故的发生，降低了因操作失误带来的损失，为企业节省了大量的成本，提高了整体的经济效益。此外，标准化与规范化还是推动企业技术创新和产业升级的重要手段。随着技术的不断进步，机械装配的标准和规范也在不断更新和完善。企业需要紧跟时代步伐，及时引入新技术、新工艺，不断提高自身的技术水平和创新能力，这种持续的技术升级不仅提升了企业的核心竞争力，更为其可持续发展提供了有力支持。

机械装配的标准化与规范化对于保证产品质量、提高生产效率、降低成本具有重要意义。通过推进标准化与规范化，企业能够确保装配过程的准确性和一致性，提高装配效率，降低生产成本，增强市场竞争力。同时，标准化与规范化还能够促进企业的技术创新和产业升级，为企业可持续发展提供有力支持。因此，企业应积极推行机械装配的标准化与规范化，不断完善装配流程和操作规范，加强员工培训和技能提升，建立完善的质量管理体系和监督机制，以确保标准化与规范化的有效执行。

第三节　机械装配的关键技术

一、拆装配技术

随着现代工业技术的快速发展，机械产品日益复杂，拆装配技术成为工业生产中不可或缺的一环。它对于确保设备的安全运行、提高生产效率、降低维护成本具有重要意义。

（一）拆装配技术的定义

拆装配技术，亦称机械设备的拆卸与装配技术，是指在保证机械设备功能完整性和性能稳定性的前提下，通过科学的方法和工具，对设备进行精确、高效的拆卸和重新装配的一系列技术操作。这项技涉及设备的设计、制造、维护、升级、再制造等多个环节，是现代工业生产中不可或缺的一环。

拆装配技术的核心在于确保设备在拆卸和装配过程中的精确性和完整性，以维持甚至延长其性能和使用寿命。它要求技术人员具备扎实的专业知识和技能，能够准确判断设备的构造和工作原理，选择适当的拆卸和装配工具，遵循标准化的操作流程，以确保操作的准确性和安全性。此外拆装配技术还注重环保和可持续发展，在拆卸过程中应合理处理废弃物和废旧部件，减少对环境的污染；在装配过程中，应优先使用环保材料和工艺，降低能源消耗和碳排放，实现绿色制造。

（二）拆装配技术的重要性

拆装配技术在现代工业生产中占据了举足轻重的地位，它是机械设备维护、升级和再制造过程中不可或缺的一环。在设备维护方面，拆装配技术展现出了巨大的价值，当机械设备出现故障时，技术人员需要迅速而准确地找到问题所在，并及时更换损坏的部件以恢复设备的正常运行。拆装配技术不仅提供了科学的方法和工具，帮助技术人员高效地拆卸和装配设备，还通过标准化和规范化的操作流程，降低了操作失误的风险，确保了设备维护的准确性和可靠性。

在设备升级方面，拆装配技术同样发挥着重要作用，随着科技的不断进步和市场竞争的加剧，企业需要对现有设备进行改造和优化，以提升设备的性能和拓展功能，以适应市场的变化。拆装配技术通过提供精确、高效的拆卸和装配方法，为企业实现设备升级提供了有力的技术支持，技术人员可以通过拆装配技术，对设备的各个部件进行逐一分析，找出性能瓶颈和升级潜力，并通过更换或改进关键部件，实现设备的整体性能提升。

在再制造领域，拆装配技术也展现出其广阔的应用前景，再制造是一种通过拆卸、清洗、检测和重新装配废旧设备来制造新产品的过程。拆装配技术为再制造提供了重要的技术支持。通过专业的拆卸和装配技术，可以将废旧设备拆解，并对其进行检测、清洗和修复，最终重新装配成新的产品。这不仅延长了设备的使用寿命，降低了生产成本，而且提高了资源利用率，符合可持续发展的要求。

（三）拆装配技术的挑战与创新

拆装配技术在实际应用中，尤其是在处理复杂设备时，遭遇了不少挑战。这些挑战主要来自设备拆解的难度大、装配精度的高要求以及零部件易损等方面。对于这些方面，单纯依赖传统的拆装配方法和技术是不够的，因此，技术创新成为解决问题的关键。

针对复杂设备的拆解难题，装配人员可以引入先进的拆装配设备和工具。例如，使用高精度的拆卸工具，以确保在拆解过程中不会损坏设备的其他部分；采用先进的设备如机器人进行辅助拆解，以提升拆解的效率和准确性。这些先进的设备和手段，不仅提高了拆装配的效率，而且降低了对人工操作的依赖，减少了人为错误的可能性。在装配精度方面，智能化技术的应用为拆装配技术带来突破，通过利用传感器、机器视觉等先进技术，可以实现拆装配过程的自动化和智能化。这些技术可以精确识别零部件的位置和姿态，确保装配的精度和稳定性，同时智能化技术还可以对装配过程进行实时监控和反馈，及时发现问题并进行调整，从而提高装配质量。

拆装配技术在现代工业生产中发挥着至关重要的作用，它不仅关系到设备的维护、升级和再制造，还涉及企业的生产效率和成本控制。面对拆装配技术中的挑战和问题，技术人员需要不断创新和探索，通过引入先进技术、优化流程和方法，提高拆装配的效率和质量。同时还需要关注拆装配技术的未来发展趋势，积极应对市场变化和需求变化，为企业的可持续发展提供有力支持。

二、配合配件加工与装配技术

随着现代制造业的飞速发展，配合配件的加工与装配技术已成为决定产品质量、生产效率和成本控制的关键因素。配合配件的加工涉及材料选择、加工工艺、精度控制等多个环节，而装配技术则关注如何将各个零部件精确地组合在一起，以实现产品的整体功能和性能，两者的紧密配合对于提升产品竞争力、推动企业可持续发展具有重要意义。

（一）加工精度与装配质量的关联

作为衡量零部件制造过程中尺寸、形状和位置精确度的关键指标，加工精度直接关系到装配质量的好坏。装配质量则是评价零部件组合后产品整体性能与功能是否满足设计预期的重要标准。两者在制造业中相辅相成，共同决定了最终产品的质量水平。

加工精度的高低直接影响装配过程的进行，一个高精度的零部件，其尺寸、形状和位置都经过了精确的加工控制，才能在装配时能够与其他零部件实现良好的配合，减少装配时的调整和修正工作。反之，如果加工精度不足，零部件的尺寸、形状或位置存在偏差，那么在装配时就可能出现配合不良、装配困难甚至装配失败的情况，严重影响装配效率和质量。装配质量对加工精度提出了更高的要求，随着现代制造业对产品复杂性和精度的要求越来越高，装配过程中的误差传递和累积效应变得越发显著。一个小小的加工误差，在装配过程中可能会被放大，最终影响到整个产品的性能和质量。因此，为了满足装配质量的要求，必须在加工阶段就对零部件的精度进行严格的控制和管理，确保每一个零部件都达到或超过设计要求的精度标准。

（二）先进加工与装配技术的应用

先进的加工技术为企业带来了前所未有的生产效率和产品质量，通过计算机精确控制机床运动，实现了高精度、高效率的零部件加工；精密铸造技术则能够在保证材料性能的基础上，实现复杂结构的精确铸造；激光切割技术以其高精度、高速度的特点，广泛应用于各种材料的切割加工中。这些先进技术的应用，不仅显著提高了加工精度和效率，生产出高质量的零部件，从而保证了最终产品的性能和品质，整理应用路径见表 1-3-1。

表 1-3-1　先进加工与装配技术的应用路径

技术/应用方案	描述与特点	效益与影响
自动化装配技术	引入自动化设备，实现装配过程的自动化和智能化，提高装配效率和精度	1. 提高装配效率，减少人工干预； 2. 降低装配成本，减少人力成本； 3. 提升产品稳定性和可靠性
机器人装配技术	能够精确执行各种复杂的装配任务，减少人为因素对装配质量的影响	1. 提高装配精度，减少人为错误； 2. 应对复杂装配任务，提高装配效率； 3. 增强产品的一致性和质量稳定性
柔性装配线	能够根据产品的不同需求，快速调整装配工艺和设备配置，实现柔性生产	1. 快速响应市场变化，满足多样化需求； 2. 提高生产灵活性，降低库存风险； 3. 优化资源配置，提升生产效率
先进加工与装配技术（可持续发展）	优化加工工艺和装配流程，减少能源消耗和废弃物排放	1. 降低能源消耗，实现节能减排； 2. 减少废弃物排放，提升环保水平； 3. 提升企业形象，增强市场竞争力； 4. 实现经济效益和社会效益的双赢

（三）智能化趋势下的技术转型

随着智能制造和工业互联网的浪潮席卷全球，配合配件的加工与装配技术迎来了前所未有的智能化转型机遇。这一转型不仅意味着技术的升级，更是制造业生产模式的一次深刻变革。在智能化趋势下，加工与装配过程将迈向全新的高度，传统的加工和装配方式将被智能设备、传感器和数据分析技术所替代，实现对整个生产过程的实时监控和优化。这些智能技术能够精确捕捉生产中的每一个环节，及时发现并解决问题，确保加工精度和装配质量的持续提升。同时，云计算、大数据等先进技术的应用将进一步优化生产资源的配置，通过实时收集和分析生产数据，企业可以更加精准地预测市场需求，实现生产资源的动态调整，这不仅提高了生产效率，还有助于降低库存成本，增强企业的市场竞争力。智能化技术还将推动制造业向个性化定制和柔性生产方向发展，借助智能设备和灵活的工艺配置，企业可以迅速调整生产流程，满足客户的个性化需求，这种柔性生产模式不仅提高了企业的响应速度，还有助于拓展市场、提升市场占有率。

配合配件加工与装配技术作为现代制造业的核心环节，对于提升产品质量、生产效率和成本控制具有重要意义。加工精度与装配质量的紧密关联要求技术人员在加工阶段严格控制精度,为装配过程提供高质量的零部件。同时,先进加工与装配技术的应用能够显著提升企业的竞争力,实现高效、精确的生产过程。在智能化趋势下,从业人员需要不断创新和探索,积极引入先进技术和管理理念,推动配合配件加工与装配技术的持续发展和进步。

三、机械连接件的选择与应用

机械连接件是机械设备中不可或缺的重要组成部分,它们负责将各个部件稳固地连接在一起,确保机械设备能够正常、高效地运行,选择适合的机械连接件并正确地应用,对于保障机械设备的安全性、稳定性和持久性具有重要意义。机械连接类型如图 1-3-1 所示。

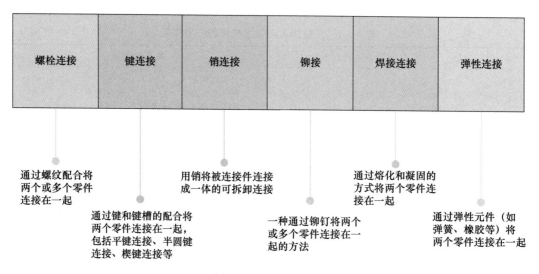

图 1-3-1　机械连接件

(一) 连接件的类型与特性

机械连接件的种类繁多,涵盖了从简单到复杂的各种类型,以满足不同机械和设备的需求。常见的有螺栓、螺母、销、键、焊接件等,它们各自具有独特的特性和适用场景,为机械制造业提供了坚实的基础。螺栓和螺母作为最常见的连接件之一,通过螺纹连接实现紧固。它们适用于需要频繁拆卸和组装的场合,如汽车维修、桥梁建造等,螺栓和螺母的设计简单实用,能够提供稳定的连接力,确保机械设备的安全运行。销和键则是一种通过插入孔或槽实现连接的连接件,销通常用于定位和固定零部件,而键则用于传递转矩或承受较大载荷。它们广泛应用于各种机械设备中,如发动机、传动装置等。销和键的连接方式能够确保零部件之间的准确对齐和可靠传递力量,提高机械设备的整体性能。焊接件则是一种通过熔化材料的方式实现永久连接的连接件,焊接件具有较高的强度和密封性,适用于需要承受较大载荷和压力的场合,在船舶、桥梁、压力容器等领域,焊接件被广泛应用,以确保结构的稳固和安全。

(二) 选择考虑因素

在选择机械连接件时,需要综合考量多个因素,以确保所选连接件能够完美适应特定的应用场景并发挥出最佳性能。载荷要求是不能忽视的关键因素，不同的机械设备和工作场景对连接件的载荷承受能力有着不同的要求。因此，在选择连接件时，需要明确连接件所需承受的最大力或力矩，并据此选择适当的型号和规格。只有这样，才能确保连接件在实际工作中不会因过载而损坏，从而保证机械设备的安全运行。工作环境对连接件的选择也有着重要的影响，不同的工作环境可能会对连接件造成不同的影响，如极端温度、高湿度、强腐蚀等。因此在选择连接件时，要充分考虑工作环境的特点，选择能够适应这些环境的连接件材料及必要的防腐措施，才能确保连接件在恶劣的工作环境中依然能够稳定、可靠地工作。

成本和使用寿命也是选择连接件时需要考虑的重要因素，在满足性能要求的前提下，应尽量选择成本较低、使用寿命较长的连接件，以降低设备的整体运行成本。在选择机械连接件时，要综合考虑载荷要求、工作环境、安装和拆卸便利性、成本以及使用寿命等多个因素，只有这样，才能选择出最适合的机械连接件，为机械设备的安全、稳定和高效运行提供有力保障。

（三）实际应用案例

为了更好地理解机械连接件的选择与应用，深入探讨其在实际工作场景中的具体应用是非常必要的。通过参考一系列的实际应用案例，能够更直观地了解不同连接件在真实环境中的使用情况，以及它们如何发挥关键作用。

以桥梁建设为例，焊接件在其中的应用是不可或缺的，在大型钢结构桥梁中，焊接件通过熔化材料的方式将各个钢构件紧密连接在一起，形成稳固的结构体系。这种连接方式不仅保证了桥梁的稳固性和安全性，还能够有效地抵抗气候影响甚至自然灾害如地震等的影响，在桥梁的长期使用过程中，焊接件的强度和密封性为桥梁的维护提供了极大的便利。

在汽车制造领域，螺栓和螺母的应用几乎无处不在，从发动机、底盘到车身的各个部件，都需要通过螺栓和螺母进行紧固连接。这些连接件不仅确保了汽车各部件的准确定位和稳定工作，还在汽车维护和保养中发挥着重要作用。在机械设备中，销和键的应用同样广泛，它们被用于传递转矩和承受载荷，确保机械设备能够高效、稳定地运行。例如，在传动装置中，键被用于连接轴和齿轮，保证动力传递的准确性和可靠性，而在一些需要频繁拆卸和组装的设备中，销则常被用于定位和固定零部件。

四、机械装配中的工艺控制与检测

机械装配作为制造业的核心环节，其工艺控制与检测的精度和效率直接关系到产品质量、生产成本和企业竞争力，随着技术的不断进步和市场竞争的日益激烈，对机械装配工艺的要求也越来越高。

（一）工艺控制的重要性及其方法

作为机械装配过程的核心要素，工艺控制的重要性不容忽视。它不仅关乎产品的最终质量和性能，还直接影响着生产效率和制造成本。在高度竞争的制造业环境中，卓越的工艺控制能力是企业保持市场领先地位的关键。

工艺控制对于确保产品精度至关重要，在机械装配过程中，每个部件的尺寸、形状和位置都必须精确无误，以确保最终产品的性能和使用寿命。通过严格的工艺控制，可以确保每个装配步骤都符合预期要求，从而减少误差，提高产品精度。工艺控制有助于提高生产效率。在装配过程中，如果工艺不稳定或存在缺陷，往往需要耗费更多的时间和资源来修正错误，导致生产效率下降。通过优化工艺控制，可以减少返工和停机时间，提高生产线的连续性和稳定性，从而实现高效生产。工艺控制对于降低成本也具有重要意义，在装配过程中，如果工艺控制不当，可能会导致材料浪费、能源消耗增加以及设备维护成本上升。通过精细的工艺控制，可以精确控制材料消耗和能源消耗，减少浪费，降低生产成本。

（二）检测技术在机械装配中的应用

检测技术在机械装配过程中起着至关重要的作用，它不仅确保了装配结果的准确性和可靠性，还为工艺控制和优化提供了关键的数据支持，随着技术的不断进步，越来越多的先进检测技术被引入机械装配中，使得装配过程更加精确、高效和智能化。

尺寸检测是机械装配中最常用的检测技术之一，它主要利用高精度的测量设备，如激光测距仪、游标卡尺等，对装配部件的尺寸进行精确测量。通过尺寸检测，可以及时发现装配过程中的尺寸偏差，从而及时调整工艺参数，确保装配的精度。形位检测则关注装配部件的形状和位置，它利用先进的视觉系统、激光跟踪仪等设备，对装配部件进行非接触式测量。形位检测能够准确捕捉装配部件的空间位置和姿态，为装配过程的精确控制提供了重要依据。力学性能检测则主要关注装配部件的力学性能和承载能力，通过进行拉伸、压缩、弯曲等力学试验，可以评估装配部件的强度、刚度和稳定性等关键指标。力学性能检测有助于确保装配部件在实际使用中能够满足设计要求和使用安全。

除了上述传统的检测技术，近年来，随着机器视觉和传感器技术的快速发展，新型检测技术也逐渐应用于机械装配中。如机器视觉技术利用图像处理和识别算法，对装配过程进行实时监测和分析，可以准确识别装配部件的特征、位置和姿态，为自动化装配提供了强大的支持。传感器融合技术则通过整合多种传感器的数据，实现对装配过程的多维度监测和控制，可以实时监测装配过程中的温度、压力、振动等关键参数，并将这些数据融合处理，为工艺控制和优化提供全面的数据支持。

（三）工艺检测应用方法

在机械装配过程中，工艺检测的应用方法体现了严谨的科学态度和精确的技术要求，这些方法不仅要具备高度的可操作性，而且需要保证数据的准确性和可靠性，为工艺优化和质量控制提供坚实的基础。工艺检测的应用方法通常包括在线检测与离线检测，在线检测是在装配过程中实时进行的，通过传感器和仪表等设备对关键工艺参数进行连续监测。在线检测能够及时发现装配过程中的异常变化，从而迅速做出调整，确保装配质量。离线检测则通常在装配完成后进行，通过专门的测试设备和手段对装配结果进行全面检查，如尺寸测量、形位检测、力学性能测试等，离线检测能够更准确地评估装配质量，为工艺改进提供详实的数据支持。

工艺检测的应用方法在机械装配过程中发挥着至关重要的作用，它不仅需要保证数据的准确性和可靠性，还需要结合具体的装配工艺和产品特点进行选择和应用。同时随着技术的不断进步和创新，工艺检测的方法也将不断更新和升级，为机械装配的精确化、高效化和智能化提供更加有力的支持。在实际应用中，工艺检测的方法还需要结合具体的装配工艺和产品特点进行选择，例如，对于高精度装配，可能需要采用更为精细的检测手段和技术；对于大型复杂产品，可能需要采用多种检测方法相结合的方式进行全面评估。此外，随着信息技术的快速发展，工艺检测的方法也在不断更新和升级。例如，基于云计算和大数据的工艺检测平台，能够实现数据的高效处理和存储，为工艺优化和质量控制提供更加智能和便捷的支持。

第四节　机械装配的发展趋势与展望

一、机械装配技术的发展历程

作为制造业的核心环节，机械装配技术历经了数百年的演变与发展，从最初的手工装配到如今的自动化、智能化装配，每一次技术革新都深刻影响着制造业的生产效率和产品质量。

（一）手工装配到机械自动化的转变

在工业革命之前的漫长岁月中，机械装配最初是手工完成的，工匠们凭借丰富的经验和精湛的手艺，将各个零部件仔细组合在一起，生产出各种复杂的机械装置。然而这种手工装配方式存在明显的局限性：生产效率低下、质量不稳定，且难以大规模复制。

随着蒸汽机的发明和机械化生产的兴起，机械装配迎来了历史性的转折点，蒸汽机的广泛应用为机械化生产提供了强大的动力支持，使得大规模的机械装配成为可能。在这一时期，各种专用的装配机器和工具相继问世，它们不仅大大提高了装配速度和精度，还使得装配过程更加标准化和规范化。值得一提的是，流水线作业方式的引入对机械装配产生了深远的影响。亨利·福特于 1913 年率先在汽车制造中引入了流水线作业方式，将复杂的装配过程分解为一系列简单的操作，每个工人只负责一个或几个固定的装配步骤，这种作业方式使得装配过程更加有序和高效，显著提升了生产效率和产品质量，流水线作业方式很快被其他行业广泛采纳，并逐渐成为现代工业生产的基本模式。从手工装配到机械自动化的初步转变是机械装配技术发展史上的重要里程碑，它不仅极大地提高了生产效率和产品质量，还为后续的技术革新奠定了基础。

（二）自动化技术的不断完善与创新

20 世纪中叶以后，人类社会迎来了计算机技术的飞速发展，这一革命性的技术进步为机械装配领域带来了前所未有的变革。这一时期，计算机技术开始广泛应用于机械装配的各个环节，推动了自动化技术的不断完善和创新。

数控技术、机器人技术、传感器技术等先进技术的应用，使得机械装配过程实现了从传统的刚性自动化向柔性自动化的转变，数控机床和加工中心的广泛应用，不仅大幅提高了零件的加工精度和效率，还使得加工过程更加灵活多变，能够适应不同产品、不同批次的生产需求。机器人技术的引入更是为机械装配带来了革命性的变化，通过精确编程和灵活控制，机器人能够完成复杂、精细的装配任务，有效降低了对熟练工人的依赖，同时减少了人力成本和安全风险。随着传感器技术的不断进步，机器人还具备更高的感知和决策能力，能够在装配过程中实现自适应调整和优化，进一步提高装配精度和效率。在这一阶段，计算机技术与机械装配技术的深度融合，使得机械装配过程更加智能化和柔性化，不仅提高了生产效率和质量稳定性，还使得装配过程更加灵活，能够快速适应市场需求的变化。这一轮的技术革新为机械装配领域带来了前所未有的发展机遇，也为后续的技术进步奠定了坚实的基础。

（三）智能制造与装配技术的深度融合

近年来，随着智能制造的蓬勃发展，机械装配技术正在以前所未有的速度向数字化转型。在这一阶段，工业互联网、大数据、人工智能等前沿技术纷纷涌入机械装配领域，为装配过程带来了革命性的变革。

工业互联网技术的普及为机械装配开辟了全新的视野。通过构建高效的工业互联网平台，设备之间的互联互通和数据共享成为可能，这不仅使得装配过程更加协同和高效，还能够实时监控装配过程中的各项参数，确保产品质量和生产安全。此外，工业互联网平台还能够对生产数据进行深度挖掘和分析，为企业的决策提供有力支持，大数据技术的应用则进一步提升了机械装配的智能化水平。通过对海量数据的收集、存储和分析，企业能够深入了解装配过程中的问题并总结规律，从而制定出更加科学合理的生产计划和工艺方案，同时大数据还能够为装配过程的优化提供数据支撑，帮助企业实现精细化管理和持续改进。

人工智能技术的引入则为机械装配带来了智能化决策和控制的能力。通过深度学习、神经网络等先进技术，人工智能系统能够对装配过程进行自适应调整和优化，实现智能化决策和控制。这不仅提高了装配的精度和效率，还使得装配过程更加灵活和智能化，以够适应不同产品、不同批次的生产需求。在这一阶段，机械装配技术实现了高度的数字化和智能化，装配过程更加高效、稳定，这不仅提高了企业的生产效率和产品质量，还为企业的转型升级和可持续发展提供了有力支持。大数据、人工智能等先进技术的应用，为机械装配带来了前所未有的变革，在这一阶段，装配过程实现了高度的数字化和智能化，不仅提高了生产效率和质量稳定性，还实现了生产过程的可视化、可预测和可优化。

二、当前机械装配技术的现状与问题

随着科技的不断进步，机械装配技术作为制造业的核心环节，已经取得了显著的发展，与此同时，也面临着诸多挑战和问题。

（一）技术现状：智能化与自动化的融合

当前，机械装配技术正处于一个转型升级的关键时期，其中最为显著的趋势就是智能化与自动化的深度融合。这种融合不仅体现在装配设备的智能化改造上，还体现在整个生产流程的智能化管理上。在设备层面，通过引入先进的自动化设备，如高精度机器人、数控机床等，装配过程的效率和精度得到了显著提升。这些设备能够根据预设的程序自动完成复杂的装配任务，大大减少了人力参与和干预，从而提高了生产效率和产品质量的稳定性，技术融合表现见表1-4-1。

表 1-4-1　智能化与自动化的融合表现

方案/技术	描述与特点	效益与影响	注意事项
自动化装配技术	实现装配过程的自动化和智能化，提高装配效率和精度	提高装配效率，降低成本，提升产品质量稳定性	需定期维护和更新设备，确保稳定运行
机器人装配技术	精确执行复杂装配任务，减少人为因素影响	提升装配精度，应对复杂任务，增强产品一致性	对操作人员技术要求高，需进行专业培训
柔性装配线	快速调整装配工艺和设备配置，实现柔性生产	快速响应市场变化，优化资源配置，降低库存风险	需要灵活的生产计划和调度系统支持
信息技术应用	物联网、大数据等实现生产数据实时采集和分析	优化生产过程，及时发现并解决问题，提升生产稳定性	需要建立完善的数据采集和分析系统，确保数据安全
智能化与自动化融合	提高生产效率、质量稳定性，灵活应对市场需求	创造更大的竞争优势，提供全面精准的生产管理手段	注意技术更新换代速度，加强技术人才培养和引进

（二）存在的问题：技术创新与人才培养的脱节

虽然机械装配技术正在不断迈向智能化和自动化的新阶段，技术创新与人才培养之间的脱节现象却日益显现，成为制约行业进一步发展的桎梏。随着技术的不断创新和升级，机械装配领域的技能要求也在迅速提升，这就要求装配人员不仅需要掌握传统的机械操作知识，还需要熟悉新的自动化设备和信息系统。然而目前的人才培养体系难以满足这一快速变化的需求，许多现有的教育和培训机构仍然采用传统的教学模式和内容，无法提供与当前技术发展相匹配的培训资源。

技术创新的快速迭代，导致许多传统装配工人难以适应新技术，在这种情况下，企业面临着两难的选择：一方面，需要引进和培养具备新技术能力的人才，以推动技术升级和创新；另一方面，又无法完全淘汰传统工人，因为这些工人在长期的工作实践中积累了丰富的经验和技能，是企业的重要资源。这一矛盾加剧了人才短缺的问题，使得企业在技术创新和人才培养方面陷入了困境。

（三）挑战与机遇：环境保护与可持续发展的压力

随着全球环境保护意识的不断加强，机械装配技术面临着前所未有的挑战与机遇。在机械装配过程中，传统的生产方式往往伴随着能源消耗大、环境污染严重等问题，与当前的绿色发展理念背道而驰。因此，如何在保证生产效率和质量的同时，实现绿色、环保的装配过程，成为机械装配技术必须解决的重要课题。

在挑战方面，随着环境保护法规的日益严格，机械装配企业需要承担更多的环保责任，企业不仅需要投入大量资金进行环保设备的升级和改造，还需要对员工进行培训以加强其环保意识，确保生产过程符合环保要求。同时，随着消费者对环保产品的需求不断增加，企业还需要加强绿色产品的研发和生产，以满足市场需求。然而挑战背后也蕴含着巨大的机遇。通过研发和应用环保型装配技术，企业不仅可以降低能源消耗和减少环境污染，还可以提高企业的社会形象和竞争力。例如，采用环保材料和生产工艺可以降低产品的环境影响，提高产品的可持续性；优化生产流程和改进设备设计可以提高能源利用效率，降低生产成本。这些举措不仅有助于企业的可持续发展，还可以为企业带来可观的经济效益。机械装配技术需要在保证生产效率和质量的同时，积极探索和实践绿色、环保的生产方式。

三、未来机械装配技术的发展趋势

随着科技的日新月异，机械装配技术正步入一个全新的发展阶段，面对全球市场的激烈竞争和不断变化的客户需求，机械装配技术需要不断创新和进步，以满足未来的挑战。

（一）数字化与智能化的深度融合

数字化与智能化的深度融合是未来机械装配技术发展的核心趋势，随着物联网、大数据、人工智能等前沿技术的迅猛发展，机械装配领域正迎来一场革命。这些技术为机械装配过程提供了全新的视角和解决方案，使得装配过程能够实现全面的数字化管理和智能化控制。

物联网技术的应用使得装配设备能够实时地与其他设备和系统进行连接和交互，实现数据的实时采集和传输。通过构建高效的信息系统，装配设备可以实时反馈运行状态、生产数据等信息，使得管理人员能够全面、准确地掌握生产情况，及时做出决策和调整。

大数据技术的应用使得装配过程产生的海量数据得以有效分析和利用，通过对这些数据的挖掘和分析，可以发现生产过程中的瓶颈和问题，为优化生产流程、提高生产效率提供有力支持。还可以利用大数据技术进行预测分析，预测设备故障、生产需求等信息，为企业的生产计划和调度提供科学依据。

人工智能技术的应用使得装配过程能够实现自适应调整和优化，通过引入机器学习、深度学习等算法，装配设备可以自我学习、自我调整，逐渐优化装配工艺和参数，提高装配的精度和效率。人工智能还可以实现智能化决策和控制，根据生产需求和实际情况自动调整生产线的运行状态，实现生产过程的智能化管理。

（二）高度自动化与柔性生产

随着科技的进步和工业的发展，未来机械装配技术将向高度自动化和柔性生产的方向迈进。这一趋势不仅代表着生产力的提升，更体现了对市场需求快速响应的能力。

高度自动化是未来机械装配技术发展的必然趋势，随着机器人技术、自动化生产线等先进设备的不断普及和完善，装配过程的自动化水平将不断提高。这意味着人力成本的大幅降低，生产效率的显著提升，以及产品质量的稳定性和一致性的增强，高度自动化不仅提高了企业的竞争力，还为工人提供了更加安全和舒适的工作环境。

仅仅实现高度自动化并不足以应对未来市场的挑战，市场的多样化和快速变化要求机械装配技术必须具备柔性生产的能力。柔性生产是指生产线能够快速调整以适应不同产品、不同批次的生产需求。这要求机械装配技术具备模块化设计，使得生产线上的各个环节可以灵活组合和替换。同时，智能调度系统的应用也是实现柔性生产的关键，通过智能调度系统，企业可以实时掌握生产线的运行状态，快速做出调整和优化，确保生产线的高效运转。

高度自动化与柔性生产的结合，将使得机械装配技术更加适应未来市场的需求。这种结合不仅提高了生产的灵活性和响应速度，还为企业带来了更大的竞争优势。通过高度自动化和柔性生产，企业可以更加快速地推出新产品，满足消费者的多样化需求，从而在激烈的市场竞争中脱颖而出。

（三）环保与可持续发展

随着全球环境保护意识的日益加强，未来机械装配技术的发展将更加注重环保与可持续发展，这一趋势不仅体现了对自然环境的尊重和保护，更体现了对人类社会可持续发展的深刻认识。

环保是未来机械装配技术发展的重要方向，传统的机械装配过程往往伴随着能源消耗大、环境污染严重等问题，为了降低这些影响，未来的机械装配技术需要采取更加环保的生产方式。例如，研发和应用节能减排技术，通过提高能源利用效率、减少废气排放等手段，降低装配过程对环境的负面影响。还需要积极推广使用环保材料，减少对自然资源的过度开采和浪费，降低产品对环境的影响。可持续发展是未来机械装配技术的另一重要目标。机械装配技术不仅需要关注产品的生产过程，还需要关注产品的全生命周期管理。通过回收再利用、产品升级等方式，延长产品的使用寿命，减少资源浪费和环境污染。此外，还需要推动循环经济的发展，实现资源的循环利用和废弃物的有效处置，为社会的可持续发展做出贡献。

为了实现环保与可持续发展的目标，未来的机械装配技术还需要加强技术研发和创新。通过不断的技术突破和创新应用，推动机械装配技术向更加环保、高效、智能的方向发展。同时，还需要加强国际合作与交流，共同推动全球机械装配技术的绿色转型和发展。

四、机械装配技术在智能制造中的应用

随着智能制造的迅猛发展，机械装配技术作为其核心环节之一，正经历着前所未有的变革。智能制造以数字化、网络化、智能化为特点，旨在实现生产过程的自动化、信息化和智能化。在这一背景下，机械装配技术不仅要满足高效、精准的生产需求，更要与智能制造技术深度融合，共同推动制造业的转型升级。

（一）智能装配线的构建

在智能制造时代，智能装配线的构建成为推动制造业转型升级的关键一环，智能装配线不仅集成了先进的机械装配技术，还融合了物联网、传感器等前沿技术，实现了装配过程的自动化、信息化和智能化。

智能装配线的构建，首先依赖于高精度、高稳定性的机械装配设备，这些设备通过引入先进的控制系统和传感器，能够实时监测装配过程中的各种数据，如温度、压力、速度等。这些数据通过物联网技术实时传输到中央控制系统，使得管理人员能够实时掌握装配线的运行状态，及时做出调整和优化。

除了硬件设备的升级，智能装配线的构建还需要建立高效的信息管理系统。这个系统能够实现对装配数据的集成、分析和利用，为企业的生产计划和调度提供科学依据。通过大数据分析，企业管理者可以深入了解装配过程中的瓶颈和问题，为优化生产流程、提高生产效率提供有力支持。智能装配线的构建还需要注重柔性生产能力的培养，面对市场的多样化和快速变化，智能装配线需要能够快速调整生产线，以适应不同产品、不同批次的生产需求。通过模块化设计、智能调度等手段，实现生产线的快速重构和优化，提高生产的灵活性和响应速度。

智能装配线的构建不仅提高了机械装配的智能化水平，还为企业的数字化转型提供了有力支持。通过实现装配过程的自动化、信息化和智能化，智能装配线大幅提高了生产效率、降低了生产成本，并提升了产品质量和稳定性。此外，智能装配线的应用还有助于企业实现资源的优化配置、降低能源消耗和环境污染，推动制造业的可持续发展。

（二）大数据与云计算的应用

在智能制造的浪潮中，大数据与云计算技术的结合为机械装配技术带来了革命性的改变。这一技术融合不仅提升了装配过程的精准度和效率，更为企业的可持续发展注入了新的活力。大数据技术通过全面收集和分析装配过程中的海量数据，为企业提供了前所未有的洞察能力。这些数据包括设备运行状态、生产流程、产品质量等各个方面，通过对这些数据的深入挖掘，企业可以精准地识别装配过程中的瓶颈和问题，从而制定出更为有效的优化措施。这种基于数据的决策方式，不仅提高了决策的科学性和准确性，也大大缩短了问题解决的周期。

云计算技术为装配数据的存储和处理提供了强大的支持。在传统的机械装配过程中，数据的存储和处理往往受限于设备的性能和容量，而云计算技术则通过其强大的计算能力和无限的存储空间，彻底解决了这一问题。企业可以将装配数据实时上传到云端，通过云计算平台进行高效的处理和分析，实现生产情况的实时监控和快速决策。这种实时的数据处理能力，使得企业能够迅速应对市场变化，提高了企业的竞争力和灵活性。此外，大数据与云计算的应用还推动了机械装配技术的智能化发展，通过构建智能分析模型和优化算法，企业可以实现对装配过程的自适应调整和优化，进一步提高装配的精度和效率。这种智能化的装配方式，不仅提高了产品的质量和稳定性，也为企业的创新发展提供了有力支持。

（三）人机协同与智能决策

随着智能制造的不断发展，人机协同与智能决策已成为机械装配技术追求的新高度。在这一领域，人工智能技术发挥着关键作用，不仅提升了装配的精度和效率，更实现了人机之间的无缝衔接和高效配合。人工智能技术使机械装配过程具备自适应调整和优化的能力。通过深度学习和模式识别等技术，装配设备可以自动识别不同零部件，自动调整装配参数和工具路径，确保每次装配都能达到最佳效果。这种自适应能力不仅提高了装配的精度和效率，还降低了对人的依赖，使得装配过程更加智能化和自动化。人机协同作业的实现离不开人工智能技术的支持。通过自然语言处理、机器视觉等技术，人工智能可以理解工人的意图和需求，提供实时的反馈和指导，确保人机之间的协同作业更加顺畅和高效。这种协同作业模式不仅提高了生产效率，还减轻了工人的工作负担，提升了工作满意度和幸福感。

此外，智能决策系统的应用也为机械装配过程提供了智能化的决策支持。通过收集和分析装配过程中的实时数据，智能决策系统还可以预测未来的装配趋势和问题，为企业的生产计划和调度提供科学依据。同时，智能决策系统还可以根据市场需求和生产变化，快速调整装配策略和方案，帮助企业快速应对市场变化和生产需求。人机协同与智能决策的应用使得机械装配技术更加智能、灵活和高效。未来，随着人工智能技术的不断进步和应用场景的不断拓展，人机协同与智能决策将在机械装配领域发挥更加重要的作用，为企业的创新发展和智能制造的深入推进提供有力支撑。

第二章 机械装配工艺技术

机械装配工艺技术是确保机械设备性能稳定、运行可靠的关键环节，它涵盖了从零部件的初步加工到最终装配成完整设备的全过程，涉及多个专业领域的知识和技术。本章聚焦于机械装配的基本工艺流程，关注机械零部件的加工与制造工艺，概述机械零部件加工的基本流程和方法。此外，详细介绍热处理工艺和表面处理工艺，结合机械装配工艺中的质量控制问题，强调环境保护在机械装配中的重要性，并介绍如何在装配过程中采取环保措施。通过本章的学习，能够全面了解机械装配工艺技术的核心要素和实践应用。

第一节 机械装配的基本工艺流程

一、机械装配的基本工艺流程与步骤

机械装配作为制造业的核心环节，是将各个零部件按照设计要求组合成完整机械产品的过程。一个高效、精准的机械装配工艺流程不仅能确保产品质量，还能提高生产效率，降低生产成本。随着科技的不断进步，机械装配工艺流程也在不断优化和完善。

（一）工艺准备

工艺准备作为机械装配的首要环节，在这一阶段，装配工人需要投入大量的时间和精力，以确保后续装配过程的顺利进行。熟悉产品装配图是工艺准备的基础。装配图详细展示了产品的各个零部件及其之间的装配关系，是装配工人进行装配作业的重要依据。装配工人需要仔细研究装配图，了解产品的整体结构、零部件的尺寸和形状、装配顺序等信息。通过对装配图的深入理解，装配工人可以在装配过程中避免出现错误和遗漏，确保装配的准确性和完整性。

制定装配工艺规程是工艺准备的关键环节。装配工艺规程是指导装配工人进行装配作业的规范性文件，它详细规定了各道工序的操作方法、装配顺序和装配要求。制定装配工艺规程时，需要充分考虑产品的结构特点、装配精度和生产效率等因素。同时，装配工艺规程的制定还需要与实际操作相结合，不断总结经验教训，不断完善和优化。一个科学合理的装配工艺规程，可以有效提高装配质量和生产效率，降低生产成本。

准备装配所需的工具、量具和辅具也是工艺准备的重要环节。这些工具、量具和辅具是装配工人进行装配作业的必备工具，它们的性能和精度直接影响到装配质量和效率。因此，在选择和使用这些工具、量具和辅具时，需要充分考虑其适用性、可靠性和稳定性。同时，还需要对它们进行定期的检查和维护，确保其处于良好的工作状态。

（二）装配作业

装配作业作为机械装配工艺流程的核心环节，直接决定了最终产品的质量和性能。

在这一阶段，装配工人扮演着至关重要的角色，他们不仅需要具备丰富的实践经验和精湛的操作技能，还需要对每一个步骤都保持高度的专注和责任心。具体装配步骤见表 2-1-1。

表 2-1-1　装配工作步骤

序号	步骤	描述与操作
1	零部件搬运	装配工人使用叉车、吊车等搬运工具和设备，确保零部件平稳、安全地到达指定的装配位置，避免磕碰和损伤
2	清洗	装配工人使用专业的清洗剂和工具，对零部件进行彻底清洗，去除油污、杂质等污染物，确保零部件表面干净、无杂质
3	连接	装配工人根据零部件的材质、尺寸和精度要求，选择合适的连接方法（如螺栓连接、焊接、铆接、黏合剂等），确保连接牢固、可靠，满足产品使用要求
4	调整固定	装配工人对装配完成的机械产品进行全面检查和调整，包括传动系统调整、紧固件紧固力矩确认等，确保产品达到设计要求和使用性能

（三）检验调试

检验调试作为机械装配工艺流程的最后环节，其重要性不言而喻。它是确保产品质量的最后一道关卡，也是对装配工人技能水平的一次全面检验。在这一阶段，装配工人需要对装配完成的机械产品进行全面的检验和调试，以确保其符合设计要求和使用性能。

外观检查是检验调试的基础。装配工人需要对机械产品的外观进行仔细检查，查看是否存在划痕、锈蚀、油污等缺陷。这些缺陷不仅会影响产品的美观度，还可能对产品的性能和使用寿命产生负面影响。因此，装配工人需要使用专业的清洁剂和工具，对产品进行彻底的清洗，以确保其外观干净整洁。

尺寸测量是检验调试的关键环节。装配工人需要使用精密的测量工具，如卡尺、千分尺等，对机械产品的关键尺寸进行测量。通过对比设计要求与实际测量结果，装配工人可以判断产品是否符合尺寸精度要求。如果发现尺寸偏差超标，装配工人需要及时进行调整和修复，以确保产品的尺寸精度符合要求。性能测试也是检验调试的重要内容。装配工人需要对机械产品的各项性能进行测试，如运转平稳性、噪声水平、功率消耗等。通过性能测试，装配工人可以了解产品的实际性能表现，从而判断其是否达到设计要求和使用性能。如果发现性能不达标，装配工人需要对产品进行优化和改进，以提高其性能表现。

装配工人需要认真对待检验调试工作，全面检查产品的外观、尺寸和性能，确保产品符合设计要求和使用性能。同时，装配工人也需要通过检验调试工作不断提高自身的技能水平和产品质量意识，为企业的持续发展贡献自己的力量。

机械装配的基本工艺流程包括工艺准备、装配作业和检验调试三个核心环节。这些环节相互关联、相互作用，共同构成了机械装配的完整流程。在实际操作中，装配工人应全面了解产品的结构、性能和技术要求，制定合理的装配工艺规程，准备必要的装配工具、量具和辅具，确保装配过程的顺利进行。

二、工艺路线的规划与设计

工艺路线的规划与设计是机械装配工艺流程中至关重要的环节，它直接决定了生产过程的效率、质量和成本。一个合理的工艺路线不仅能够确保产品的高品质，还能提高生产效率，降低生产成本。随着制造业的快速发展和市场竞争的日益激烈，工艺路线的规划与设计显得越来越重要。

（一）工艺路线的定义与重要性

作为机械装配流程中的核心指导原则，工艺路线地位不容忽视，它不仅仅是一系列简单的操作步骤，而是根据产品的结构特性和生产需求，经过深思熟虑后确定的精细化流程。这个流程详细规定了从原材料到最终产品的每一道工序，包括加工的顺序、装配的方式，以及所需的工艺参数等。这样的规划并非随意制定，而是基于对产品结构的深入了解和对生产环境的细致考察。每一个步骤的选择都是为了确保零部件的加工精度和装配质量能够达到最高水平。

合理的工艺路线能够大大减少生产过程中的浪费和损失。它优化了生产资源的配置，提高了设备的利用率，降低了能耗和物料损耗。此外，通过减少额外的操作步骤和操作时间，也可以提高生产效率，缩短产品从设计到上市的时间周期。更为重要的是，一个经过精心设计的工艺路线，能够显著提高企业的竞争力和市场占有率。它确保了产品的高品质，使企业在激烈的市场竞争中脱颖而出。同时，通过降低生产成本，企业也能够在价格上获得优势。因此，工艺路线的规划与设计不仅仅是一个技术问题，更是一个战略问题，它关系到企业的长远发展，需要企业的高度重视和持续投入。

（二）工艺路线的规划原则和方法

在工艺路线的规划过程中，为确保其可行性和合理性，我们需要深入考虑多个方面。首先，生产设备的性能是一个关键因素。不同的设备有其独特的加工能力和限制，因此在规划工艺路线时，必须充分了解设备的性能参数，确保所选设备能够满足工艺要求，避免因设备性能过剩或不足而造成资源浪费或生产效率低下。其次，工人的技能水平也是一个重要的考虑因素。工艺路线的实施需要工人的参与和操作，因此工人的技能水平将直接影响工艺路线的执行效果。在规划工艺路线时，我们需要根据工人的技能水平来选择合适的工艺方法和操作步骤，确保工人能够熟练掌握并准确执行。此外，生产环境的实际情况也是不容忽视的。生产环境包括车间布局、物料存储、运输等多个方面，这些都将对工艺路线的实施产生影响。在规划工艺路线时，需要充分考虑生产环境的实际情况，合理安排工序顺序和物料流转路线，确保生产过程的顺畅和高效。

在注重工艺路线的可行性和合理性的同时，也不能忽视其经济性和效率性。通过合理的工艺安排和工艺参数选择，可以有效降低生产成本，提高生产效率，例如，在选择工艺方法时，可以优先选择那些能够减少材料消耗和能源消耗的方法；在安排工序顺序时，可以优先考虑那些能够减少物料搬运和等待时间的方法。除了可行性、合理性、经济性和效率性，工艺路线的灵活性和可扩展性也是非常重要的。市场需求和生产规模的变化是不可避免的，因此工艺路线还应具有一定的灵活性和可扩展性，以适应这些变化。在规划工艺路线时，可以采用模块化设计的方法，将工艺路线划分为若干个相对独立的模块，根据需求的变化灵活调整模块的组合和配置。

在规划工艺路线时，设计人员还可以采用多种方法和技术手段来辅助决策。例如，可以借鉴国内外先进的工艺技术和经验，结合企业的实际情况进行创新和优化。此外，现代信息技术手段如计算机辅助工艺规划等，也可以帮助设计人员进行工艺路线的模拟和优化，以提高工艺规划的科学性和准确性。

（三）工艺路线的优化与创新

随着制造业的快速发展和市场竞争的日益激烈，工艺路线的优化与创新已成为制造业发展的必然结果。在这个日新月异的时代，仅靠传统的工艺路线已经无法满足市场的需求，企业需要不断地对现有工艺路线进行优化和创新，以适应市场的快速变化。对现有工艺路线的分析和评估是优化工艺路线的关键步骤。通过对生产过程中的每一个环节进行深入剖析，企业可以发现问题和不足，如生产效率低下、能源消耗高、产品质量不稳定等。针对这些问题，企业可以提出具体的改进措施和优化方案，如改进加工方法、优化设备配置、提高工人技能等，从而进一步提高生产效率和产品质量。

除了对现有工艺路线进行优化，企业还需要注重工艺创新。通过引入新技术、新工艺和新设备，企业可以推动制造业的转型升级，实现生产过程的自动化、智能化和绿色化。例如，采用先进的数控加工技术可以提高加工的精度和效率；引入机器人和自动化设备可以减少对人工的依赖，降低生产成本；采用环保材料和工艺可以减少对环境的污染，实现绿色生产。工艺路线的优化与创新不仅可以提高企业的生产效率和产品质量，还可以降低生产成本，增强企业的市场竞争力和核心竞争力。因此，企业需要高度重视工艺路线的优化与创新工作，加大对技术研发和人才培养的投入，为企业的可持续发展奠定坚实基础。

工艺路线的规划与设计是机械装配工艺流程中至关重要的环节，它直接关系到生产过程的效率、质量和成本。在规划工艺路线时，需要遵循一定的原则和方法，确保工艺路线的可行性、合理性、经济性和效率性。此外，还需要注重工艺路线的优化与创新，以适应市场需求的变化和生产规模的调整。通过不断地优化和创新工艺路线，可以提高生产效率和产品质量，降低生产成本，推动制造业的转型升级。

三、工艺参数的确定与优化

在机械装配工艺流程中，工艺参数的确定与优化是实现高质量、高效率生产的关键环节。工艺参数是指在制造过程中，影响产品质量和生产效率的各种因素，如切削速度、进给量、切削深度、温度、压力等。合理的工艺参数选择不仅可以提高生产效率，减少能耗，还能确保产品质量的稳定性和可靠性。随着现代制造业的发展，对工艺参数的要求也越来越高，如何科学、合理地确定与优化工艺参数已成为制造业亟待解决的问题。

（一）工艺参数确定的重要性与原则

工艺参数的确定是机械装配工艺流程中至关重要的一步。首先，合理的工艺参数能够确保产品加工的精度和质量。不同的材料、设备和加工方法需要不同的工艺参数，只有选择合适的参数，才能获得满意的加工效果。其次，工艺参数的确定直接关系到生产效率。合理的参数选择可以提高机床的利用率，减少空载时间和换刀时间，从而提高生产效率。此外，工艺参数的确定还需考虑设备的性能和寿命。过大的参数可能会对设备造成损坏，缩短设备的使用寿命。因此，应在确保产品质量和生产效率的前提下，尽量选择对设备友好的参数。

在确定工艺参数时，需要遵循一定的原则。首先，要确保参数选择的科学性和合理性，需要基于加工原理、材料性质和设备性能等多方面因素进行综合考虑，确保所选参数能够满足加工要求；其次，要注重参数的可行性和可操作性，所选参数在现有设备和工艺条件下应能够实现，避免过于理想化或不切实际的参数选择；最后，要注重参数的经济性，在满足产品质量和生产效率的前提下，尽量选择成本较低的参数，降低生产成本。

（二）工艺参数优化的方法与技术

工艺参数的优化是确保机械装配工艺流程高效、精确和可靠的关键环节。为实现这一目标，需要借助一系列科学的方法和技术手段。试验优化方法是工艺参数优化的基石，通过精心设计试验方案，可以系统地测试和分析不同参数组合下的加工效果。正交试验设计是一种常用的方法，它可以在减少试验次数的同时，有效地评估多个参数对加工效果的影响。回归分析则进一步帮助设计人员理解参数与加工效果之间的定量关系，从而确定最优的参数组合。

仿真模拟技术在工艺参数优化中发挥着越来越重要的作用，通过建立精确的加工过程数学模型，可以模拟不同参数下的加工过程，预测产品质量和生产效率。这种虚拟实验的方法不仅可以快速验证参数选择的合理性，还可以在实际生产前发现潜在问题，减少试错成本。此外，随着人工智能和机器学习技术的快速发展，它们在工艺参数优化中的应用也日益广泛。通过对大量生产数据的分析和学习，计算机可以建立智能优化模型，自动调整参数以达到最优的加工效果。这种方法不仅提高了优化的效率和准确性，还使得工艺参数的优化更加灵活和自适应。

（三）工艺参数优化的实际应用与案例分析

工艺参数的优化在实际生产中的应用极为广泛，几乎覆盖了制造业所有领域。以数控机床加工为例，切削速度、进给量和切削深度等参数的优化，对于提高加工效率和表面质量具有显著影响。通过合理的参数选择，不仅可以减少加工时间，提高生产效率，还能改善工件的表面粗糙度，提高产品质量。在注塑成型过程中，温度、压力和时间等参数的优化同样关键。通过对这些参数的精确控制，可以获得更好的成型效果，减少产品缺陷，提高产品质量。此外，随着增材制造技术的快速发展，激光功率、扫描速度和粉末层厚度等参数的优化也变得越来越重要。通过不断优化这些参数，可以实现更高效的零件制造，同时获得更优异的性能表现。

随着新技术和新材料的不断涌现，工艺参数的优化也面临着新的挑战和机遇。例如，在新材料的加工过程中，可能需要探索新的工艺参数组合，以获得最佳的加工效果。同时，随着智能制造和工业互联网的发展，工艺参数的优化也将更加智能化和自动化，这将为制造业的转型升级提供有力支持。工艺参数的优化在实际生产中的应用广泛且重要。

工艺参数的确定与优化是机械装配工艺流程中至关重要的环节，对于提高产品质量和生产效率具有重要意义。在确定工艺参数时，需要遵循科学、合理、可行和经济的原则；在优化工艺参数时，可以采用试验优化、仿真模拟和智能优化等方法和技术手段。

通过不断的优化和实践，可以找到更加合理的工艺参数组合，提高生产效率、降低生产成本、增强产品竞争力。

四、工艺文档的编制与管理

工艺文档是制造业中不可或缺的一部分，它详细记录了产品制造过程中的各个环节和关键信息。完善的工艺文档不仅能够指导生产人员正确执行工艺流程，还能够为产品质量追溯和持续改进提供有力支持。随着制造业的快速发展和市场竞争的加剧，工艺文档的编制与管理显得越来越重要。

（一）工艺文档编制的重要性与原则

工艺文档的编制是产品制造过程中的重要环节，其重要性不言而喻。工艺文档是生产人员执行工艺流程的依据，它详细规定了每道工序的操作步骤、工艺参数和注意事项，确保了生产过程的规范化和标准化。工艺文档是产品质量追溯的重要依据。通过查阅工艺文档，可以追溯产品的制造过程，找出可能的问题源头，为质量改进提供依据。此外，工艺文档还是企业技术积累和传承的重要载体，通过不断积累和完善，可以形成企业的核心技术竞争力。在编制工艺文档时，需要遵循一定的原则。首先，要确保文档的准确性和完整性。工艺文档中的信息必须准确无误，不能存在模糊或错误的内容，否则可能导致生产过程中的失误和质量问题。此外，工艺文档需要涵盖产品制造过程中的所有关键环节和步骤，不能遗漏任何重要的信息。其次，要注重文档的实用性和可操作性。工艺文档需要紧密结合生产实际，注重实用性和可操作性，方便生产人员理解和执行。最后，要注重文档的规范性和标准化。工艺文档需要遵循一定的规范和标准，确保文档的格式、内容和表达方式符合行业要求，方便文档的管理和使用。

（二）工艺文档管理的策略与方法

工艺文档的管理对于确保文档的准确性、完整性和可追溯性具有至关重要的意义，一个高效、严谨的文档管理体系不仅可以避免在生产过程中产生混乱和误解，更能为企业的持续改进和产品质量追溯提供坚实的支撑。

为了确保工艺文档的准确性，需要建立一套完善的文档管理制度和流程，这不仅包括文档的编写、审核、批准、发布、修改和归档等各个环节，而且每个环节都应有明确的责任人和操作规范。这确保了在整个文档生命周期中，每一步操作都有章可循，从而大大降低了因人为失误导致的文档错误。

文档的完整性同样不容忽视。完整的工艺文档应包含产品制造过程中的所有关键信息，如材料规格、设备参数、操作步骤等。为了实现这一目标，除了严格的编写和审核流程，还需要建立文档的版本控制机制。这样，即使在文档进行修改或更新时，也能确保所有相关人员使用的是最新、最准确的版本，从而避免了因使用过期或错误文档而导致的生产问题。

在信息化时代，利用信息技术手段提高工艺文档管理的效率和质量已成为一种趋势。电子化的文档管理方式不仅方便了文档的存储、检索和共享，还大大提高了文档管理的安全性。通过采用版本控制软件，可以实时追踪文档的修改历史和版本更新，确保所有相关人员都能及时获取最新的文档信息。同时，权限管理功能的使用也能有效保护文档的安全性和保密性，防止未经授权的访问和信息泄露。

(三) 工艺文档编制与管理

工艺文档的编制与管理在现代制造业中发挥着举足轻重的作用，尤其在那些注重产品质量和生产效率的企业中。以一家知名的汽车制造企业为例，该企业深刻认识到工艺文档的重要性，并投入大量资源进行编制与管理的优化。在工艺文档的编制方面，该企业采取了一种严谨而系统的方法。每道工序的操作步骤、工艺参数和注意事项都被详细记录下来，确保生产人员能够清楚地了解每个环节的具体要求。此外，为了保证文档的准确性，该企业还建立了一套完善的审核机制，确保文档在发布前经过严格的审核和仔细修改。

在文档管理方面，该企业同样采取了创新举措。传统的纸质文档被电子化的文档管理系统所取代，这不仅方便了文档的存储和检索，还大大提高了文档管理的效率。此外，该企业还建立了版本控制机制和权限管理功能。这意味着每次文档的修改都会被记录下来，并且可以追踪到修改者和修改时间。通过权限管理功能，可以确保只有经过授权的人员才能访问和修改文档，有效保护了文档的安全性和保密性。这些措施的实施为企业带来了显著的好处。首先，产品质量得到了显著提高。由于工艺文档的准确性和完整性得到了保证，生产人员能够严格按照文档要求进行操作，从而避免了因操作失误导致的产品质量问题。其次，生产效率也得到了大幅提升。电子化的文档管理系统使得文档的获取和更新变得更加快速和便捷，生产人员可以更加高效地执行工艺流程。

工艺文档的编制与管理是制造业中不可或缺的一部分，它对确保产品质量、提高生产效率和促进企业技术积累具有重要意义。在编制工艺文档时，需要遵循准确性、完整性和实用性等原则；在管理工艺文档时，需要建立完善的管理制度和流程，利用信息技术手段提高管理效率和质量并加强培训和教育工作。通过实际应用和案例分析可以发现，工艺文档的编制与管理对企业的持续发展具有重要作用。因此，我们应该高度重视工艺文档的编制与管理工作，不断提升其水平和质量，为企业的长远发展提供有力保障。

第二节 机械零部件的加工与制造工艺

一、机械零部件加工工艺概述

机械零部件是构成机械系统的基本单元，其加工质量直接关系到整个机械系统的性能和可靠性。随着现代制造业的快速发展，对机械零部件的加工精度、效率和质量要求越来越高。为了满足这些要求，必须掌握先进的加工工艺和技术。

(一) 机械零部件加工工艺的重要性

加工工艺的合理性直接关系到零部件的加工精度和质量，一项合理的加工工艺能够确保零部件的尺寸、形状和位置精度达到设计要求，这是提高整个机械系统性能和可靠性的基础。如果加工工艺不合理，可能会导致零部件的尺寸超差、形状变形或位置不准确等问题，这将直接影响到机械系统的正常运行和使用寿命。加工工艺的效率直接关系到生产成本和交货期，在现代制造业中，时间就是金钱，效率就是竞争力。高效的加工工艺能够缩短生产周期，提高生产效率，从而降低生产成本，增强企业的市场竞争力，同时高效的加工工艺还意味着企业能够更快地完成订单，满足客户的需求，提高交货的准时率。这些对于企业来说，无疑是重要的竞争优势。加工工艺的创新是推动机械制造业持续发展的关键因素。随着科技的不断进步和市场的不断变化，机械制造业面临着越来越多的挑战和机遇。只有不断创新加工工艺，才能适应市场的需求和变化，推动机械制造业向更高水平发展。通过引入新技术、新材料和新工艺，不断优化和改进加工工艺，可以提高加工效率、降低能耗、减少废弃物排放等，从而实现绿色制造和可持续发展。

（二）机械零部件加工工艺的关键因素

材料的选择和处理对加工工艺的制定和实施具有至关重要的影响，不同材料具有不同的物理和化学性质，这些性质直接决定了材料在加工过程中的行为表现。例如，某些材料可能具有较高的硬度或韧性，需要采用特定的加工方法和工艺参数才能有效地进行切削或成形，因此在选择材料时，必须充分考虑其加工性能，以便为后续加工工艺的制定提供可靠的依据。加工设备的精度和性能是保证加工质量的基础，高精度、高性能的加工设备能够提供稳定的加工条件，确保零部件的尺寸精度、形状精度和表面质量达到设计要求。此外，设备的稳定性和可靠性也是影响加工质量的重要因素。如果设备出现故障或误差，可能导致加工过程中的不稳定性和不确定性，从而影响最终零部件的质量和性能。

除了材料和设备因素，工艺路线的规划和优化也是影响加工工艺的关键因素之一，合理的工艺路线能够减少加工过程中的误差和变形，提高加工效率和质量，在规划工艺路线时，需要综合考虑材料的性质、设备的性能以及加工过程中的各种因素，确保工艺路线的合理性和可行性。操作人员的技能水平也是影响加工工艺的重要因素，熟练的操作人员能够准确掌握加工技术和方法，确保加工过程的稳定性和可靠性。同时，操作人员还需要具备一定的创新能力和问题解决能力，以应对加工过程中可能出现的各种问题和挑战。

（三）机械零部件加工工艺的发展趋势

数字化和智能化已成为加工工艺的重要方向。随着数字化技术的广泛应用，如 CAD（计算机辅助设计）、CAM（计算机辅助制造）、CAE（计算机辅助工程）等，机械零部件的加工过程正逐步实现自动化和智能化控制。通过高精度传感器、控制系统和数据分析技术，加工设备能够实时感知和调整加工参数，确保加工精度和效率。这种智能化加工方式不仅减少了人为因素的干扰，还大大提高了生产效率和加工质量。随着环境保护意识的日益增强，绿色制造成为加工工艺的重要考虑因素，如何在加工过程中实现环保和节能减排已成为业界关注的焦点。通过采用环保材料、节能设备以及循环再利用等工艺方法，机械零部件的加工过程能够有效降低对环境的影响，实现绿色、可持续发展。

此外，新工艺和新技术的不断涌现为加工工艺的发展提供了更多可能性，例如，增材制造（3D打印）技术的快速发展，使得复杂结构零部件的加工变得更加容易。通过逐层堆积材料的方式，增材制造能够制造出传统加工方法难以实现的复杂结构，为产品设计提供了更大的自由度。纳米制造等前沿技术也为机械零部件的加工带来了新的机遇，纳米制造技术能够精确控制到材料的原子尺度结构，从而制造出具有优异性能和高精度的纳米级零部件。这种技术在精密仪器、电子设备和生物医疗等领域具有广阔的应用前景。

机械零部件加工工艺是确保零部件加工质量、效率和可靠性的关键因素。通过掌握先进的加工工艺和技术，可以提高零部件的加工精度和质量，降低生产成本，提高企业的市场竞争力。同时，随着数字化、智能化和绿色制造等趋势的发展，机械零部件加工工艺将不断创新和完善，为机械制造业的持续发展提供有力支持，因此所有从业者都应重视机械零部件加工工艺的研究和应用，不断推动加工工艺的创新和发展。

二、机械零部件的常用加工方法

机械零部件的加工是机械制造业的核心环节，它涉及多种加工方法和工艺。选择适当的加工方法对于确保零部件的质量、提高生产效率以及降低生产成本具有至关重要的作用。随着科技的进步和制造业的发展，越来越多的先进加工方法被引入机械零部件的加工中。

（一）传统加工方法的应用与特点

传统加工方法在机械零部件制造中有举足轻重的地位，这些方法包括如车削、铣削、钻孔和磨削等，长期以来一直是制造业的基石。它们通过切削工具对原材料进行逐步去除，从而得到所需的形状和尺寸精度。这些方法的成功应用，得益于它们所具备的一系列显著特点。

首先，传统加工方法以其卓越的加工精度而著称。通过精确的切削参数和熟练的操作，它们能够实现微米级的精度，确保零部件的质量和性能满足设计要求。其次，这些加工方法具有极高的稳定性。在长时间的连续生产中，它们能够保持一致的加工精度和质量，从而保证了生产的稳定性和可靠性。传统加工方法的适用范围非常广泛，无论是金属材料还是非金属材料，无论是简单结构还是复杂结构，都可以采用这些方法进行加工，这使得它们在制造业中具有广泛的应用前景。

然而传统加工方法也存在一些局限性。首先，它们的加工效率较低。尤其是在大批量生产的情况下，逐个进行切削加工不仅耗时，而且成本高昂。其次，这些加工方法的能耗较高，切削过程中需要消耗大量的能量。这不仅增加了生产成本，还对环境造成了压力。最后，传统加工方法对操作人员的技能要求较高。熟练的工匠或技师是确保加工质量的关键，但这样的技能人员往往难以培养和保留。尽管如此，传统加工方法在机械零部件制造中仍然发挥着不可替代的作用。

（二）先进加工方法的崛起与发展

随着科技的飞速进步和制造业的不断发展，传统加工方法已不再是机械零部件加工的唯一选择。相反，一系列先进的加工方法如雨后春笋般涌现，为现代制造业注入了新的活力。

数控加工便是其中的佼佼者，它利用计算机精确控制机床的每一个动作，实现了加工过程的高度自动化。这种方法不仅大大提高了加工精度和效率，还减少了人为因素导致的误差，使得复杂零部件的加工成为可能。激光加工则以其独特的优势在高精度、高速度加工领域大放异彩。激光束的精确性和高能量使得材料去除或改性变得轻而易举，为制造高精度零部件提供了有力支持。电火花加工和超声波加工则是针对特定材料和复杂结构而开发的。它们通过电火花放电或超声波振动实现材料的去除或成形，为一些传统加工方法难以处理的材料或结构提供了解决方案。

这些先进加工方法的出现与应用，不仅为机械零部件的加工提供了更多的选择和可能性，还推动了制造业的整体进步。它们不仅提高了加工效率和质量，还降低了生产成本，为企业的可持续发展提供了有力支撑。随着技术的不断成熟和应用领域的扩大，先进加工方法将在未来机械零部件制造中发挥更加重要的作用。

（三）加工方法的选择与优化

在实际的机械零部件加工过程中，选择适合的加工方法是一项至关重要的决策。这一决策过程涉及多个维度的考量，包括材料的性质、零部件的结构和精度要求、生产批量以及成本等因素。合适的加工方法不仅能确保零部件的质量，还能显著提高生产效率。对于高精度、小批量的零部件，先进加工方法往往是首选。例如，数控加工以其高精度和灵活性，特别适用于批量小、复杂结构的零部件加工。激光加工则以其高精度和高速度的特点，在精密加工领域占有一席之地。而对于批量大、结构简单的零部件，传统加工方法可能更为经济实用。车削、铣削等传统方法在生产效率和成本控制方面具有明显优势。

然而，仅仅选择适合的加工方法并不够，加工方法的优化同样重要。优化切削参数、改进工艺路线、引入自动化和智能化技术等手段，都能进一步提升加工效率和质量。例如，通过优化切削参数，可以减少切削力、降低切削温度，从而提高刀具寿命和加工精度。改进工艺路线则可以减少加工步骤，缩短生产周期、降低生产成本。同时，引入自动化和智能化技术，如数控机床、智能夹具等，可以大幅提高加工过程的自动化程度，减少人为因素导致的误差，进一步提高生产效率和质量。

机械零部件的常用加工方法包括传统加工方法和先进加工方法两大类。传统加工方法具有加工精度高、稳定性好等特点，在机械制造业中得到了广泛应用；而先进加工方法的出现与应用为机械零部件的加工提供了更多的选择和可能性。在实际加工过程中，需要根据零部件的具体要求和生产条件选择适合的加工方法，并进行优化以提高加工效率和质量。随着科技的不断进步和制造业的持续发展，未来还将出现更多新的加工方法和技术，为机械零部件的加工带来更多的创新和突破。因此，从业者需要不断学习和掌握新的加工方法和技术，以适应制造业的发展需求并推动其向前发展。

三、机械零部件的热处理工艺

机械零部件的性能和寿命，除了与其设计和制造过程中的加工方法密切相关，热处理工艺同样扮演着举足轻重的角色。热处理是通过加热、保温和冷却等手段，改变材料内部组织结构，从而改善其机械性能、物理性能和化学性能的一种工艺方法。对于机械零部件而言，热处理工艺能够提高材料的硬度、强度、耐磨性、耐腐蚀性以及疲劳寿命等，是确保零部件质量和性能不可或缺的一环。

（一）热处理工艺对材料性能的影响

热处理工艺在机械零部件制造中占据核心地位，其对材料性能的影响深远且多面。这种影响不仅体现在材料的硬度上，更涉及材料的强度、耐磨性、耐腐蚀性和疲劳寿命等多个层面。

关于材料的硬度，热处理工艺发挥着至关重要的作用。以淬火处理为例，在实际操作中，常常需要结合回火处理。回火处理能够在保持一定硬度的同时，有效降低脆性，提高材料的韧性，使其在受到冲击或振动时具有更好的抗断裂能力。热处理工艺对材料强度的影响也不容忽视，通过精确控制加热温度、保温时间和冷却速度等参数，可以使材料在受到外力作用时具有更好的抵抗变形和断裂的能力。热处理工艺在提高材料的耐磨性、耐腐蚀性和疲劳寿命方面也发挥着关键作用。合金化热处理则通过向材料中添加合金元素，形成新的合金相，从而提高了材料的耐腐蚀性和疲劳寿命。热处理工艺效用影响见表2-2-1。

表 2-2-1　热处理工艺效用举例

热处理工艺	主要影响	效果与应用
淬火处理 回火处理	硬度	显著提高材料的硬度，满足高强度和高耐磨性应用场景需求
	脆性	可能增加材料的脆性，需结合其他处理工艺
	韧性	在保持一定硬度的同时，降低脆性，提高材料的韧性
	抗断裂能力	使材料在受到冲击或振动时具有更好的抗断裂能力
精确控制参数	强度	提升材料抵抗变形和断裂的能力，增强零部件的承载能力和稳定性
渗碳、渗氮等表面处理技术	耐磨性	在材料表面形成硬度更高的化合物层，提高耐磨性，适用于高磨损部件制造
合金化热处理	耐腐蚀性	向材料中添加合金元素，提高耐腐蚀性和疲劳寿命，适用于恶劣环境下工作的机械零部件
	疲劳寿命	形成新的合金相，提高材料的疲劳寿命

（二）热处理工艺在机械零部件制造中的应用

从材料准备时起，热处理工艺就已经开始发挥作用。在这一阶段，我们通常会采用退火处理。退火是一种通过加热和缓慢冷却材料来消除其内应力和改善塑性的热处理工艺。通过退火处理，材料在后续加工过程中能够展现出更好的稳定性和可塑性，为后续加工工序提供了良好的基础。随着制造流程的推进，进入零部件的加工阶段。在这一阶段，热处理工艺同样扮演着关键角色。

此外，在零部件的最终处理阶段，热处理工艺同样发挥着不可替代的作用。例如，渗碳淬火处理被广泛应用于齿轮等传动部件的制造中。渗碳是通过将碳元素渗入到钢材表面，使其形成一层高碳的合金层，从而提高其耐磨性和承载能力；而淬火则进一步提高了这一合金层的硬度。同样地，表面淬火处理也广泛应用于轴类零件等需要提高疲劳强度的部件中，通过表面淬火，可以仅在零件表面形成一层高硬度的组织，从而提高其抗疲劳性能。

（三）热处理工艺的优化与创新

随着现代制造业对零部件性能要求的不断提高，传统工艺已难以满足日益增长的高精度、高效率、高可靠性的需求。因此，对传统热处理工艺进行优化变得尤为迫切。优化措施包括精确控制加热温度、保温时间和冷却速度等关键参数，确保每个工艺环节都能达到最佳效果。此外，通过引入先进的自动化和智能化设备，可以实现对热处理过程的精确监控和实时调整，进一步提高工艺的稳定性和可重复性。

近年来，新的热处理技术也在不断涌现，为机械零部件的制造带来了更多的可能性。真空热处理技术以其独特的无氧环境，有效避免了材料氧化和脱碳等问题，显著提高了工件的表面质量和增强其稳定性。感应热处理技术则通过高频电磁场的作用，实现对工件局部的快速加热和冷却，不仅提高了处理效率，还能更好地满足复杂零部件的局部性能要求。激光热处理技术则以其高精度和高能量的特点，为表面改性、熔覆等高级应用提供了有力支持。这些新的热处理技术不仅具有更高的处理效率、更低的能耗和更好的环保性能，还能为机械零部件的制造带来前所未有的性能提升。上述技术的应用不仅拓宽了热处理工艺的应用范围，更为机械制造业的可持续发展注入了新的活力。

热处理工艺在机械零部件制造中发挥着举足轻重的作用，通过改变材料内部组织结构，热处理工艺能够显著提高材料的硬度、强度、耐磨性、耐腐蚀性和疲劳寿命等性能，为机械零部件的质量和性能提供有力保障。随着制造业的发展和技术进步，热处理工艺将继续优化和创新，为机械零部件的制造带来更高效、更环保、更可靠的解决方案。同时人们也认识到，热处理工艺的选择和优化需要综合考虑材料性质、零部件结构、使用环境和成本等因素，以实现最佳的技术经济效益。

四、机械零部件的表面处理工艺

机械零部件的表面处理工艺是提升零部件性能、延长使用寿命、增强外观质量的重要手段。随着现代制造业的飞速发展，对零部件表面性能的要求越来越高，表面处理工艺的种类日益多样化，应用也越来越广泛。表面处理工艺不仅能够改善材料的耐磨性、耐腐蚀性、抗疲劳性等，还能提升零部件的美观度，满足多样化的市场需求。

（一）表面处理工艺对机械零部件性能的提升

表面处理工艺对于机械零部件的性能提升具有显著的作用，这些工艺不仅能够改善零部件的外观质量，还能够大幅提升其核心性能，确保其在各种使用场景中都能表现出色。表面处理可以显著改善材料的耐磨性。在机械零部件的工作过程中，磨损是一个不可避免的问题。为了减少磨损，提高零部件的耐用性，可以采用电镀、喷涂等工艺，在零部件表面形成一层硬度较高的涂层。这些涂层可以有效地抵抗摩擦和磨损，显著延长零部件的使用寿命。例如，在发动机曲轴、齿轮等关键部件上应用耐磨涂层，可以大幅减少因摩擦造成的磨损，提高整机的可靠性和稳定性。

表面处理工艺还能显著增强材料的耐腐蚀性。在许多应用场景中，机械零部件需要承受各种腐蚀介质的侵蚀。为了保护零部件不受腐蚀，可以采用阳极氧化、化学镀等工艺，在金属表面形成一层致密的保护膜。这层保护膜可以有效地防止腐蚀介质侵入材料内部，从而提高零部件的耐腐蚀性能。例如，在海洋工程设备、化工设备等高腐蚀环境下工作的机械零部件上应用防腐涂层，可以显著减少腐蚀造成的损害，确保设备的安全运行。表面处理工艺还能提高材料的抗疲劳性。疲劳是机械零部件在交变应力作用下发生断裂或失效的主要原因之一。为了提高零部件的抗疲劳性能，可以采用表面淬火、喷丸强化等工艺，改善材料表面的应力分布状态。这些工艺可以在零部件表面产生残余压应力，减少疲劳裂纹的产生和扩展，从而提高零部件的使用寿命。例如，在轴类零件、弹簧等承受交变应力的零部件上应用抗疲劳表面处理工艺，可以显著提高其抗疲劳性能，减少因疲劳断裂造成的安全事故。

（二）常用的机械零部件表面处理工艺

机械零部件的表面处理工艺涉及多种技术和方法。这些工艺不仅改善了零部件的外观，还增强了它们的性能和使用寿命。以下是一些常用的机械零部件表面处理工艺及其特点。

电镀是一种常见的表面处理技术，通过电解原理在材料表面沉积一层金属或合金。这个过程不仅可以增强零部件的导电性，还能提高其耐腐蚀性或美观度。例如，镀铬可以增加金属的光泽和硬度，而镀锌则能提供良好的防腐蚀保护。电镀工艺广泛应用于汽车、电子、航空航天等行业的零部件制造中。

喷涂是另一种常见的表面处理技术，通过喷枪将涂料喷涂在材料表面，形成一层保护膜或装饰层。喷涂具有施工简便、成本低廉等优点，可以根据需要选择不同的涂料来提供特定的功能，如防腐、防火、绝缘等。喷涂技术广泛应用于建筑、家具、汽车等领域的零部件制造中。

阳极氧化是通过电解氧化金属表面形成一层致密的氧化物膜的方法。这种氧化物膜具有良好的耐腐蚀性和硬度，可以增加金属的美观度。阳极氧化常用于铝合金的表面处理，如建筑门窗、汽车轮毂等。

化学镀是利用化学反应在材料表面沉积一层金属或合金以进行表面处理的方法。这种方法不需要电流，而是通过化学反应使金属离子在材料表面还原成金属。化学镀常用于提高零部件的耐磨性和耐腐蚀性，如钢铁零件的镀铜、镀镍等。表面淬火和喷丸强化是通过改变材料表面的组织结构或引入残余压应力来提高其抗疲劳性能的方法。表面淬火是通过快速加热和冷却材料表面，使其形成一层高硬度的组织；而喷丸强化则是利用高速喷射的弹丸冲击材料表面，引入残余压应力，提高材料的抗疲劳强度。这些方法常用于承受交变应力的零部件，如轴类零件、齿轮等。

（三）表面处理工艺的发展趋势

随着科技的不断进步和制造业的飞速发展，机械零部件的表面处理工艺也在不断地创新与发展。这些创新不仅推动了表面处理技术的进步，还为机械制造业带来了更高的生产效率和更优质的产品。传统的表面处理工艺，如电镀、喷涂等，正在经历技术升级和工艺优化的过程。传统的电镀工艺正在逐步实现自动化和智能化操作，通过引入先进的控制系统和机器人技术，提高了生产效率和产品质量稳定性。喷涂工艺也在不断改进，采用更环保的涂料和更高效的喷涂设备，降低了能耗和废弃物排放，同时提高了涂层的均匀性和附着力。

除了传统工艺的优化，新的表面处理技术和方法也在不断涌现。纳米技术作为一种新技，已应用于机械零部件的表面处理。通过纳米涂层的应用，可以显著提高零部件的耐磨性、耐腐蚀性和抗疲劳性。等离子体技术则是一种新兴的表面处理技术，通过在材料表面形成一层高能量的等离子体，可以改变材料表面的物理和化学性质，从而提高零部件的性能。激光技术也在表面处理领域得到了广泛应用。激光处理可以精确地控制能量输入和处理深度，实现对材料表面微小结构的精确调控。这种技术不仅可以提高零部件的表面质量，还可以实现其性能的优化和提升。

机械零部件的表面处理工艺在提升零部件性能、延长使用寿命、增强外观质量等方面发挥着重要作用。通过采用适当的表面处理工艺，可以显著改善材料的耐磨性、耐腐蚀性、抗疲劳性等，提高零部件的综合性能和使用寿命。此外，随着科技的不断进步和制造业的快速发展，表面处理工艺也在不断创新和发展，为机械零部件的制造提供了更多的选择和可能性。未来，随着新材料、新工艺的不断涌现和应用，机械零部件的表面处理工艺将进一步发展壮大，为制造业的转型升级和可持续发展做出更大的贡献。

第三节 机械装配工艺中的质量控制

一、机械装配工艺中的质量管理要求

随着现代工业的飞速发展，机械装配工艺作为制造业的核心环节，其质量管理要求日益严格。机械装配工艺中的质量管理不仅关乎产品的性能和使用寿命，更直接关系到企业的声誉和市场竞争力。因此，对机械装配工艺中的质量管理进行深入研究和探讨，对于提升产品质量、提高企业经济效益具有重要意义。下文将从以下三个方面阐述机械装配工艺中的质量管理要求，以期为相关企业和从业人员提供有益的参考。

（一）机械装配工艺中的精度控制要求

精度控制是机械装配工艺中至关重要的环节，它直接关系到最终产品的性能和质量。在装配过程中，任何微小的误差都可能导致整机的性能下降或出现故障。因此，对机械装配工艺中的精度控制要求极为严格。

对于各零部件的尺寸、形状和位置精度，必须达到设计要求。这意味着在制造过程中，每一个零部件都需要经过精密的测量和检验，确保其符合设计规格。此外，在装配过程中，也需要使用高精度的测量设备来监控和调整各零部件的位置和配合关系，以确保整机的精度和稳定性。企业需要建立完善的精度控制体系。这包括制定精确的装配工艺规程，明确各道工序的操作要求和精度标准。同时，还需要加强对操作人员的专业培训，提高他们的技能水平和质量意识。通过实施这些措施，可以确保装配过程中的每一步都能够得到精确的控制和执行。随着智能制造技术的不断发展，越来越多的企业开始引入先进的自动化装配设备和系统。这些设备和系统可以大大提高装配的精度和效率，减少人为误差的干扰。通过应用这些先进技术，企业可以进一步满足日益严格的质量管理要求，提高产品的竞争力和市场份额。

机械装配工艺中的精度控制是质量管理的核心要素之一。企业需要建立完善的精度控制体系，加强人员的培训和技术创新，不断提高装配精度和效率。

（二）机械装配工艺中的过程控制要求

过程控制是机械装配工艺中确保质量稳定的关键环节，它涉及装配的每一道工序和每一个细节。在机械装配过程中，从零部件的初步组装到最终整机的完成，每一道工序都必须严格按照工艺规程进行操作。这是因为任何一道工序的失误都可能导致整个装配过程的失败，进而影响到最终产品的质量。

为实现有效的过程控制，企业需要建立完善的监控体系。这一体系包括对装配过程

的实时监控和记录，以及对装配过程中各道工序的严格检查。通过实时监控，企业可以及时发现装配过程中的异常情况，并迅速采取措施进行纠正，从而避免潜在的质量问题。此外，对装配过程的详细记录可以帮助企业对装配过程进行追溯和分析，为持续改进装配工艺提供依据。企业还应加强对操作人员的培训和考核。操作人员是装配过程的直接执行者，他们的技能水平和质量意识直接影响到装配过程的质量和效率。因此，企业需要通过定期的培训活动，提高操作人员的技能水平和质量意识，使他们熟练掌握装配工艺和操作技能。此外，通过严格的考核制度，企业可以确保每个操作人员都能够按照工艺规程进行操作，保证每道工序都能够得到严格执行。

过程控制是确保机械装配工艺质量稳定的关键环节。企业需要建立完善的监控体系，加强对操作人员的培训和考核，确保装配过程的每一道工序都能够得到严格的控制和执行。只有这样，才能确保最终产品的质量和稳定性，满足客户的需求和期望。

（三）机械装配工艺中的质量控制要求

质量控制作为机械装配工艺中质量管理的最终保障，其重要性不言而喻。在装配完成后，企业需要对待装配完成的产品进行全面的质量检验和测试，确保每一个出厂的产品都符合设计要求和质量标准。这一环节不仅是对前面所有工艺环节的质量检验，更是对整个机械装配工艺质量的最终确认。

为实现有效的质量控制，企业首先需要建立完善的检验体系。这一体系包括质量检验流程的制定，确保每一步检验都有明确的操作规范和标准。此外，还需要配置先进的检验设备，这些设备需具备高精度、高稳定性和高可靠性，以确保检验结果的准确性。在检验过程中，企业应详细记录每一个产品的检验数据，并进行深入的分析，以便及时发现和解决潜在的质量问题。除了建立完善的检验体系，企业还应加强质量意识的培育和质量文化的建设。质量意识是企业员工对待产品质量的态度和观念，它直接影响到产品的质量水平。因此，企业应通过定期的质量培训、质量竞赛等活动，提高员工的质量意识，使他们充分认识到质量是企业生存和发展的基石。此外，企业还应构建一种全员参与、全过程控制的质量管理氛围，让每一个员工都明确自己在质量管理中的责任和义务，从而共同推动产品质量的不断提升。机械装配工艺中的质量控制要求企业建立完善的检验体系，加强质量意识的培育和质量文化的建设。

机械装配工艺中的质量管理要求涉及精度控制、过程控制和质量控制等多个方面。为实现高质量的产品输出，企业需要建立完善的质量管理体系，加强人员培训和技术创新，不断提升自身的质量管理水平。此外，企业还应关注市场需求和行业发展趋势，不断优化和调整质量管理策略，以适应不断变化的市场环境。

二、机械装配工艺中的质量控制方法

随着制造业的飞速发展，机械装配工艺作为产品制造的核心环节，其质量控制方法日益受到关注。质量控制方法的科学性和有效性直接关系到产品质量的稳定性和可靠性。因此，探索并实践适应机械装配工艺的质量控制方法，对于提升产品质量、增强企业竞争力具有重要意义。下文将从以下三个方面阐述机械装配工艺中的质量控制方法，以期为相关企业和从业人员提供有益的参考。

（一）基于统计学的质量控制方法

在机械装配工艺中，基于统计学的质量控制方法发挥着至关重要的作用。这种方法的核心在于运用统计学原理，对装配过程中产生的数据进行收集、整理、分析和解读，以揭示装配过程的内在规律和潜在问题，从而指导生产实践，确保产品质量。

数据收集是这一方法的基础。装配过程中产生的数据种类繁多，包括零部件的尺寸、质量、装配时间等。为了确保数据的准确性和可靠性，需要建立严格的数据收集机制，明确数据的来源、采集频率和采集方法。此外，还应对收集到的数据进行预处理，包括数据清洗、数据转换和数据标准化等，以消除异常值和数据噪声，提高数据质量。数据分析是这一方法的核心，通过对收集到的数据进行统计分析，可以发现装配过程中的异常情况和问题，例如，利用控制图方法，可以对装配过程中的关键质量指标进行监控。控制图是一种直观展示数据波动情况的工具，通过比较实际数据与预设的控制限，可以判断装配过程是否处于受控状态。当数据超出控制限时，意味着装配过程可能出现了异常，此时应及时发出警报，提醒操作人员采取措施进行调整。

此外，基于统计学的质量控制方法还可以通过对历史数据的分析，预测未来的质量趋势。这需要对历史数据进行深入的挖掘和分析，找出影响产品质量的关键因素和规律。在此基础上，可以利用统计学的时间序列分析、回归分析等方法，对未来的产品质量进行预测和评估。这种预测和评估不仅有助于企业提前发现潜在的质量问题，还可以为企业的质量管理和决策提供有力支持。基于统计学的质量控制方法在机械装配工艺中具有广泛的应用前景和重要的实践价值。通过科学的数据收集、分析和预测，可以及时发现和解决装配过程中的质量问题，提高产品质量，增强企业的市场竞争力。

（二）基于先进检测技术的质量控制方法

随着科技的飞速发展，先进检测技术在机械装配工艺的质量控制中发挥着越来越重要的作用。这些技术通过实时监测和精确测量装配过程中的关键参数，为质量控制提供了有力的保障，从而确保产品的质量和性能达到预设标准。

机器视觉技术的应用为机械装配工艺带来了革命性的变革。机器视觉技术通过图像处理和模式识别等算法，能够实现对零部件的自动识别和定位。在装配过程中，机器视觉系统可以快速准确地识别零部件的种类、位置和姿态，从而确保装配的准确性和精度。这种技术的应用不仅提高了装配效率，还大大降低了人为错误的可能性，为产品质量提供了坚实的保障。激光测量技术也是机械装配工艺中常用的先进检测技术之一。激光测量技术具有高精度、高速度和高稳定性等特点，能够实现对装配过程中关键尺寸和形状的精确测量。通过激光测量，可以及时发现装配过程中的尺寸偏差和形状误差，从而采取相应的措施进行调整和改进。这种技术的应用不仅提高了装配的精度和稳定性，还有助于减少废品率和提高生产效率。三维扫描技术也为机械装配工艺的质量控制提供了新的手段。三维扫描技术通过非接触式的方式获取物体表面的三维数据，可以实现对装配过程中关键部件的精确测量和监控。通过三维扫描，可以及时发现装配过程中的形位偏差和表面缺陷等问题，从而采取相应的措施进行修复和改进。这种技术的应用不仅提高了装配的质量和可靠性，还有助于实现产品的数字化和智能化管理。

（三）基于全面质量管理的质量控制方法

全面质量管理（TQM）是一种集成了全员参与、全过程控制以及持续改进等核心理念的质量管理方法。在机械装配工艺中，基于全面质量管理的质量控制方法不仅关注装配过程本身的质量控制，还着眼于整个产品生命周期的质量管理。这种方法强调从产品设计、原材料采购、生产制造到产品销售等全过程的质量管理和控制，确保每一个环节都符合质量要求，从而提升产品的整体质量。

在产品设计阶段，基于全面质量管理的质量控制方法注重预防。通过在设计阶段充分考虑产品的功能性、可靠性、安全性等因素，减少潜在的设计缺陷，为后续的生产制造和装配过程奠定良好的基础。同时，设计阶段还需与后续的生产制造和装配过程紧密衔接，确保设计的可行性和可制造性。

在原材料采购阶段，基于全面质量管理的质量控制方法强调对供应商的质量管理。通过与供应商建立长期稳定的合作关系，实施严格的供应商评价和选择机制，确保采购的原材料符合质量要求。同时，对采购的原材料进行严格的检验和测试，确保其满足生产制造和装配过程的需求。

在生产制造和装配阶段，基于全面质量管理的质量控制方法注重过程控制和持续改进。通过制定严格的质量标准和流程规范，确保每一个操作环节都符合质量要求。同时，加强对操作人员的培训和质量意识的培养，使他们充分认识到质量对于企业和客户的重要性。通过建立质量信息反馈机制，及时发现和处理装配过程中的质量问题，持续改进和优化装配工艺。此外，还可以引入六西格玛、精益生产等先进的质量管理方法，进一步提升生产制造和装配过程的质量水平。

在产品销售阶段，基于全面质量管理的质量控制方法注重客户反馈和服务。通过建立完善的客户服务体系，及时收集和处理客户的反馈意见，了解产品的使用情况和质量问题。针对客户反馈的问题，及时进行改进和优化，不断提升产品的质量和客户满意度。

机械装配工艺中的质量控制方法涉及多个方面，包括基于统计学的质量控制方法、基于先进检测技术的质量控制方法，以及基于全面质量管理的质量控制方法。这些方法各有特点，目标都是确保装配过程的质量稳定性和可靠性。在实际应用中，企业应根据自身情况和产品特点选择合适的质量控制方法，并不断完善和优化这些方法，以适应不断变化的市场需求和技术发展。同时，企业还应加强对质量控制方法的研究和探索，不断创新和进步，为提升产品质量和增强企业竞争力提供有力支持。

三、质量异常处理与改进措施

在机械装配工艺中，质量异常是不可避免的。如何有效处理这些异常，并采取针对性的改进措施，是确保产品质量稳定和提升的关键。质量异常处理与改进措施旨在识别问题根源，及时采取措施，防止问题再次发生，并持续提升装配工艺的质量水平。

（一）建立快速响应机制

在现代机械装配工艺中，面对突发的质量异常，能否迅速做出反应并采取有效措施，往往决定了问题解决的速度和效果。因此，建立快速响应机制成为确保产品质量和生产效率的关键环节。企业需要组建专门的质量异常处理团队。这个团队应由业务精熟、经验丰富的技术人员、质量管理人员和生产操作人员组成，他们具备快速识别问题、分析原因和制定应对措施并实施的能力。当质量异常发生时，该团队能够迅速集结，协同工作，确保问题得到及时解决。

企业需要建立一套完善的质量异常报告和记录系统。这个系统应能够实时收集、整理和传递质量异常的相关信息，包括问题发生的时间、地点、原因、影响范围等。通过该系统，质量异常处理团队能够第一时间获取问题信息，从而迅速做出反应。此外，该系统还能够对质量异常进行记录和分析，为企业后续的质量改进提供有力支持。为了确保快速响应机制的有效运行，企业还需要加强内部沟通协作。各相关部门应保持密切联系，及时共享质量异常信息和处理进展。通过加强沟通协作，企业能够形成合力，共同应对质量异常的挑战。

建立快速响应机制对于确保机械装配工艺中的产品质量和生产效率至关重要，通过组建专门的质量异常处理团队、建立完善的质量异常报告和记录系统以及加强内部沟通协作，企业能够迅速应对质量异常挑战，确保问题得到及时解决。这将有助于提升企业的整体竞争力和市场地位。

（二）深入分析问题原因

我们需要从人员操作的角度进行分析。人员是装配过程中的关键因素，他们的操作习惯、技能水平、工作态度等都可能影响到产品质量。因此，需要对操作人员进行深入的调查和了解，观察他们的操作过程，找出可能存在的操作失误或不当行为。我们需要对机器设备和工具进行检查。机器设备的性能、精度和稳定性直接影响到装配质量。我们需要检查设备是否正常运行，是否存在故障或磨损等问题。此外，工具的选择和使用也可能导致质量异常，因此需要对工具进行检查和评估。原材料的质量问题也是导致质量异常的一个重要原因。我们需要对原材料进行严格的检验和测试，确保其符合装配要求。如果原材料存在质量问题，需要及时与供应商沟通，寻求解决方案。

在分析了人、机、料之后，还需要从工艺方法和环境因素等方面进行考虑。工艺方法的选择是否合理、环境是否适宜等都可能影响到装配质量。我们需要对工艺方法进行优化和改进，同时加强环境管理，确保装配过程在适宜的环境中进行。为了更加系统地识别问题的原因，可以利用先进的质量管理工具和方法，如故障树分析、因果图等。这些工具和方法可以帮助我们更加全面地了解问题的来龙去脉，找出导致质量异常的根本原因。深入分析问题的原因是处理质量异常的关键环节，需要从多个角度进行考虑和分析，利用先进的质量管理工具和方法，找出导致质量异常的根本原因。

（三）实施持续改进策略

针对机械装配工艺中出现的质量异常，实施持续改进策略是确保问题不再发生、提升整体质量水平的关键所在。这一策略不仅涉及具体问题的解决，更是对企业整体质量管理水平的一次全面提升。

要制订有针对性的改进措施计划。这一计划应明确列出每一项改进措施的具体内容、实施步骤和时间节点，确保各项改进措施能够有序、高效地推进。此外，还要明确各项措施的责任人，确保每项措施都能得到有效落实。建立跟踪和评估机制至关重要。通过定期跟踪各项改进措施的实施情况，及时发现问题、调整策略，确保改进措施能够取得实效。此外，还要对改进措施的效果进行定期评估，以便及时总结经验教训，为后续的质量管理工作提供借鉴。加强员工培训和意识提升也是实施持续改进策略的重要环节。通过定期举办质量管理知识培训、分享会等活动，提高全体员工对质量重要性的认识，培养他们的质量意识和责任心。此外，还应鼓励员工积极参与质量改进工作，形成全员关注质量、共同参与质量改进的良好氛围。在实施持续改进策略的过程中，企业还应注重形成持续改进的文化氛围。通过制定完善的质量管理制度、建立激励机制等措施，引导员工养成持续改进的习惯，将质量管理理念融入企业的日常运营中。

质量异常处理与改进措施是机械装配工艺中不可或缺的一部分。通过建立快速响应机制、深入分析问题原因以及实施持续改进策略，可以有效地处理质量异常，并持续提升装配工艺的质量水平。这些措施也有助于培养企业的质量文化和提升员工的质量意识，为企业的长期发展奠定坚实的基础。

四、质量评价与检验标准

在机械装配工艺中，质量评价与检验标准是确保产品质量的重要手段。随着市场竞争的日益激烈，客户对产品质量的要求也在不断提高。因此，建立科学、合理的质量评价与检验标准，对于提升机械装配工艺的质量水平、增强企业的市场竞争力具有重要意义。

（一）明确质量评价与检验标准的重要性

首先，明确质量评价与检验标准对于确保产品质量至关重要。在机械装配工艺中，每一个环节都涉及多个质量指标，如尺寸精度、装配间隙、表面质量等。制定明确的质量评价与检验标准，可以使操作人员清楚地了解每个指标的要求和合格范围，从而在装配过程中严格控制质量，确保产品符合设计要求。

其次，质量评价与检验标准有助于统一产品质量评价尺度。在企业内部，由于操作人员技能水平、质量意识等方面的差异，可能导致对产品质量评价的不一致。通过制定统一的质量评价与检验标准，可以消除这种差异，使产品质量评价更加客观、公正。明确的质量评价与检验标准还可以为企业提供质量改进的依据。通过对产品质量进行定期检测和评价，企业可以及时发现问题、分析原因，并制定有针对性的改进措施。这些措施的实施离不开明确的质量评价与检验标准的指导，因此，标准是质量改进工作的重要基础。

（二）制定科学、合理的质量评价与检验标准

制定科学、合理的质量评价与检验标准是确保产品质量的前提。在制定标准时，企业应充分考虑市场需求、客户要求以及自身技术实力等因素，确保标准既符合实际情况又具有先进性。

首先，质量评价与检验标准应与产品设计要求相一致。产品设计是机械装配工艺的起点，也是制定质量评价与检验标准的重要依据。在制定标准时，应充分考虑产品设计的各项要求，确保装配过程中的质量控制与产品设计保持高度一致。其次，质量评价与检验标准应具有可操作性和可测量性。标准应明确具体、易于理解和执行，同时能够通过检测手段对质量指标进行准确测量和评价，这样才能保证标准的实施效果。最后，质量评价与检验标准还应具有一定的灵活性和可调整性。随着技术的不断发展和市场需求的变化，产品质量要求也会相应调整。因此，在制定标准时，应充分考虑其灵活性和可调整性，以便根据实际情况进行适时修订和完善。

（三）强化质量评价与检验标准的执行与监督

制定了科学、合理的质量评价与检验标准后，如何确保其得到有效执行和监督同样至关重要。首先，企业应建立健全的质量管理体系和质量控制流程，确保每个环节都按照标准进行操作和控制。同时，通过定期的内部质量审核和外部质量认证等方式，对质量管理体系的有效性进行持续评估和改进。其次，加强操作人员的培训和教育是确保标准执行的关键。企业应定期组织操作人员学习质量评价与检验标准，提高他们的质量意识和操作技能水平。同时，通过激励机制和奖惩制度等手段，引导操作人员自觉遵守标准、积极参与质量改进工作。此外，还应建立完善的质量信息反馈机制，及时发现和处理装配过程中的质量问题。通过收集和分析质量数据、调查客户反馈等方式，了解产品质量的实际状况和市场需求，为标准的修订和完善提供有力支持。

质量评价与检验标准是确保机械装配工艺产品质量的重要手段。通过明确标准的重要性、制定科学合理的标准以及强化标准的执行与监督等措施，企业可以不断提升自身的质量管理水平、增强市场竞争力。同时，这也需要企业不断完善质量管理体系、加强人员培训和教育、持续优化质量评价与检验标准等工作。

第四节　机械装配工艺中的环境与安全管理

一、机械装配工艺中的环境保护要求

随着工业化的快速发展，机械装配工艺在生产过程中的环境影响日益显现。环境保护不仅关乎企业的可持续发展，更是社会责任的重要体现。因此，机械装配工艺中的环境保护要求逐渐受到行业内外的高度关注。为满足日益严格的环境保护标准，机械装配工艺必须不断优化，减少对环境的影响，实现绿色、低碳生产。

（一）减少废弃物排放，推行绿色生产

随着工业化的快速推进，机械装配工艺在生产过程中产生的废弃物排放问题日益显现。这些废弃物，包括固体废物、废液、废气等，一旦未经妥善处理直接排放到环境中，不仅会造成土地、水源和空气的污染，还会对生态系统和人类健康构成严重威胁。因此，减少废弃物排放，推行绿色生产，已成为机械装配工艺中至关重要的环境保护要求。

要实现这一目标，需要从优化工艺流程入手。通过改进生产工艺，减少物料浪费，可以有效降低固体废物的产生。同时，对于那些生产过程中不可避免的废弃物，如切削废料、废润滑油等，应进行分类收集和处理。例如，切削废料可以通过破碎、筛分等物理方法回收再利用；废润滑油则可以通过专业的废油处理设备进行再生利用，避免对环境造成二次污染。更新节能设备也是减少废弃物排放的重要手段。传统的机械装配设备往往能耗较高，不仅增加了企业的运营成本，还导致了大量能源浪费和废气排放。因此，企业应积极引进先进的节能设备和技术，如高效节能的电动机、变频器等，以降低能源消耗和废气排放。此外，提高材料利用率也是减少废弃物排放的有效途径。在机械装配过程中，选择优质的材料和合理的加工方法，可以减少材料的浪费和损耗。同时，对于生产过程中产生的边角料和余料，可以通过合理的再利用方案，如制作辅助工具、

构建临时设施等，实现资源的最大化利用。最后建立完善的废弃物回收和处理体系是确保废弃物得到合理处置的关键。企业应建立完善的废弃物回收制度，明确各类废弃物的回收渠道和处理方式。同时，加强与专业废弃物处理机构的合作，确保废弃物得到专业、安全的处理，避免对环境造成不良影响。

减少废弃物排放、推行绿色生产是对机械装配工艺重要的环境保护要求。通过优化工艺流程、更新节能设备、提高材料利用率以及建立完善的废弃物回收和处理体系等措施，可以有效降低废弃物的产生和排放，实现机械装配工艺的绿色、可持续发展。这不仅有助于保护我们赖以生存的环境，还能提升企业的社会形象和竞争力，为企业的长远发展奠定坚实基础。

（二）使用环保材料，降低污染风险

机械装配过程所使用的材料对环境的影响是一个常被忽视但又至关重要的问题。许多传统的机械装配材料在生产和使用过程中可能会释放有毒有害物质，对环境和人体健康造成潜在威胁。因此，使用环保材料、降低污染风险成为机械装配工艺中不可或缺的环境保护要求。为实现这一目标，企业应树立环保意识，将环保理念融入材料选择的每一个环节。在采购材料时，应优先选择无毒无害、可回收利用的环保材料。这些材料在生产过程中严格避免了有毒有害物质的添加，从而降低了对环境和人体的潜在危害。同时，它们的可回收性也大大减少了废弃物的产生，有利于资源的循环利用。

除了选择环保材料，企业还应建立严格的质量检验和控制体系，确保所使用的材料符合环保标准。其中包括对材料的成分、生产过程、使用环境等进行全面评估，确保其在使用过程中不会对环境和人体健康造成不良影响。使用环保材料不仅有助于降低机械装配工艺对环境的污染风险，还能提升产品的环保性能和市场竞争力。随着消费者对环保问题的日益关注，越来越多的消费者开始倾向于选择环保产品。因此，使用环保材料不仅可以满足消费者的需求，还能为企业赢得市场份额和声誉。此外，企业还应加强与供应商和合作伙伴的沟通与合作，共同推动环保材料的应用和发展。

使用环保材料、降低污染风险是机械装配工艺中至关重要的环境保护要求。企业应树立环保意识，优先选择环保材料，建立严格的质量检验和控制体系，加强与供应商和合作伙伴的沟通与合作，共同推动环保材料的应用和发展。通过分享经验、开展合作研发等方式，企业可以与供应商等合作伙伴共同探索更多环保材料的应用场景和可能性。通过这些措施的实施，我们可以为保护环境、促进可持续发展贡献一份力量。

（三）加强噪声和粉尘控制，保护员工健康

在机械装配工艺中，随着机器的运转和材料的加工，会不可避免地产生噪声和粉尘。这些噪声和粉尘不仅对员工的健康构成直接威胁，还可能对环境造成长期影响。长时间暴露在高分贝的噪声环境中，员工可能会出现听力下降、耳鸣、疲劳等问题；而粉尘则可能引发呼吸道疾病、皮肤过敏等症状。因此，加强噪声和粉尘控制，确保员工在一个健康、安全的环境中工作，已成为机械装配工艺中不可或缺的环境保护要求。

为实现这一目标，企业应采取一系列有效的噪声和粉尘控制措施。首先，针对噪声问题，可以安装消音设备，如消音器、隔音罩等，以降低机械运转时产生的噪声。此外，合理布局工作场所，将高噪声区域与低噪声区域分隔开来，也有助于减少噪声对员工的影响。对于粉尘问题，企业可以使用除尘器、吸尘器等设备，及时清除工作过程中

产生的粉尘。同时，优化工艺流程，减少物料扬尘，也是降低粉尘产生的重要手段。此外，定期对工作场所进行清洁和维护，保持环境的整洁和卫生，也是降低粉尘对员工健康影响的有效措施。除了采取上述控制措施外，企业还应定期对工作环境进行监测和评估。通过使用专业的噪声和粉尘监测仪器，对工作场所的噪声和粉尘水平进行实时监测和记录，可以及时发现潜在的安全隐患，并采取相应的措施进行改进。此外，企业还应加强员工的安全教育和培训，提高员工对噪声和粉尘危害的认识和防护意识。通过定期举办安全知识讲座、安全操作技能培训等活动，帮助员工掌握正确的防护方法和应对措施，确保员工在面对突发情况时能够迅速采取有效的自我保护措施。

加强噪声和粉尘控制是机械装配工艺中必不可少的环境保护要求。企业应采取一系列有效的控制措施，降低噪声和粉尘的产生和扩散，确保员工在健康、安全的环境中工作。同时，通过定期监测和评估工作环境、加强员工的安全教育和培训等措施，不断提高企业的环境保护水平，为员工的健康和企业的可持续发展贡献力量。

机械装配工艺中的环境保护要求是企业实现可持续发展的重要保障。通过减少废弃物排放、使用环保材料以及加强噪声和粉尘控制等措施，可以有效降低机械装配工艺对环境的影响，实现绿色、低碳生产。这不仅有助于提升企业的社会形象和竞争力，更是对社会责任的积极回应。未来，随着环境保护标准的不断提高和公众环保意识的增强，机械装配工艺中的环境保护要求将更加严格和紧迫。因此，企业应不断探索和创新环保技术和管理模式，为实现工业可持续发展贡献力量。

二、安全管理在机械装配中的重要性

机械装配作为工业生产的重要环节，涉及众多复杂的机械操作和设备使用。在这样的工作环境中，安全管理显得尤为重要。安全管理不仅关乎员工的生命安全，更直接关系到企业的稳定发展和经济效益。随着工业生产规模的不断扩大和技术水平的不断提升，安全管理在机械装配中的地位和作用日益显现。

(一) 保障员工生命安全，维护企业稳定运营

在机械装配工艺中，安全管理被置于至高无上的地位。其首要的任务，就是确保每一位员工的生命安全。机械装配过程中，涉及的设备种类繁多，操作复杂度高，任何一个环节的疏忽都可能酿成严重的安全事故。因此，建立健全的安全管理制度并不仅仅是满足法规的要求，更是企业对员工生命安全的庄严承诺。

建立健全的安全管理制度，意味着从源头上预防事故的发生。这要求企业从顶层设计开始，制定全面、细致的安全管理规章制度，明确各级人员的安全职责和操作规范。同时，这些制度还需要根据实际情况的不断调整进行更新和完善，确保始终与实际操作相符，真正起到预防事故的作用。加强员工安全培训，提高员工的安全意识和操作技能，同样是保障员工生命安全的关键。员工是企业最宝贵的资源，他们的安全意识和操作技能直接关系到企业的安全生产。因此，企业应定期组织安全培训活动，通过理论讲解、案例分析、模拟演练等多种形式，提高员工对安全的认识和重视程度，增强他们在面对危险时的应对能力。此外，安全管理的有效实施还能确保企业的稳定运营。安全事故往往会给企业带来巨大的经济损失和声誉影响，甚至可能导致企业陷入困境。通过加强安全管理，企业可以及时发现和消除安全隐患，降低事故发生的概率，从而确保企业

的正常生产和经营秩序。

安全管理在机械装配工艺中具有举足轻重的地位。企业应始终坚持"安全第一"的原则，建立健全的安全管理制度，加强员工安全培训，提高员工的安全意识和操作技能，确保员工的生命安全和企业的稳定运营。只有这样，企业才能在激烈的市场竞争中立于不败之地，实现可持续发展。

（二）促进企业安全生产标准化，提升企业管理水平

在机械装配领域，安全管理的重要性不言而喻。它不仅关乎员工的生命安全，还直接关系到企业的持续发展和市场竞争力。特别是涉及促进企业安全生产标准化和提升企业管理水平时，安全管理的价值越发显现。安全生产标准化是确保企业生产过程安全可控的基石。它要求企业在每一个生产环节都遵循严格的安全生产标准和规范，从源头上预防和减少安全事故的发生。为了实现这一目标，企业不仅需要建设全面的安全生产标准体系，还需要通过加强安全管理来不断完善和更新这些标准。这样，生产过程的规范化和标准化水平才能得到持续提升，从而确保企业的安全生产。此外，安全管理的有效实施还能显著提升企业的整体管理水平。安全管理涉及企业的组织架构、管理制度、人员培训等多个方面，它要求企业具备一套完善的管理体系和高效的运行机制。通过加强安全管理，企业可以更加清晰地认识到自身在管理体系上的不足，从而有针对性地进行改进和完善。这样，企业的管理水平就能得到全面提升，为企业的长远发展奠定坚实基础。值得一提的是，安全管理还能促进企业的文化建设。一个注重安全管理的企业，必然会在员工中培养出一种高度的安全意识和责任感。这种文化氛围不仅能够增强员工的归属感和凝聚力，还能激发员工的创新精神和创造力，为企业的发展注入源源不断的动力。

安全管理在机械装配中不仅能够促进企业安全生产标准化，还能显著提升企业的整体管理水平。因此，企业应当高度重视安全管理工作，将其作为提升竞争力和实现可持续发展的关键举措来抓实抓好。

（三）预防职业病危害，全力保障员工身心健康

在机械装配的各个环节中，员工长时间暴露于生产环境中，他们的身心健康可能会受到危害。噪声、粉尘、有害化学物质等，都是常见的职业病危害源。因此，安全管理在这一环节显得尤为重要。

为了有效预防职业病危害，保障员工的身心健康，企业首先需要对工作环境进行全面的评估。这包括定期监测工作场所的噪声、粉尘和其他有害物质的浓度，确保它们符合国家或地方的安全标准。一旦发现超标情况，企业应立即采取措施进行整改，如安装消声设备、增设通风设施等，以降低有害物质的产生和扩散。除了改善工作环境，企业还应关注员工的个人健康。这包括定期组织员工进行健康检查，以便及时发现和处理健康问题。同时，企业还应开展职业健康培训，提高员工对职业病危害的认识和防护意识，教育他们正确使用防护设备、如何避免长时间暴露于有害环境等。此外，企业还应建立健全的职业病防治制度，明确各级人员的职责和操作流程。对于确诊患有职业病的员工，企业应提供必要的治疗和康复支持，帮助他们尽快恢复健康。同时，企业还应对职业病防治工作进行定期评估和总结，以便不断完善和改进相关措施。通过加强安全管理，企业可以有效预防职业病危害，保障员工的身心健康。这不仅是对员工个人权益的

尊重和保护，也是企业可持续发展和社会责任的重要体现。

安全管理在机械装配中具有举足轻重的地位和作用。它不仅能够保障员工的生命安全、维护企业的稳定运营，还能促进企业安全生产标准化、提升企业管理水平以及预防职业病危害、保障员工身心健康。随着工业生产的不断发展和安全要求的不断提高，安全管理在机械装配中的重要性将越加显现。因此，企业应充分认识到安全管理的重要性，加强安全管理制度建设，提高员工安全意识和操作技能，不断完善自身的管理体系和管理能力，为实现工业生产的可持续发展贡献力量。

三、机械装配工艺中的安全措施

机械装配工艺是制造业中的核心环节，涉及各种机械设备和工具的使用。由于这一过程中存在诸多潜在的安全风险，所以实施有效的安全措施至关重要。这些措施不仅有助于保护员工的生命安全，减少工伤事故的发生，还能确保企业的正常运营和生产效率。工业技术的不断发展和安全标准的提升，对机械装配工艺中的安全措施提出了更高的要求。下文将探讨机械装配工艺中的三个关键安全措施，以确保工作场所的安全和员工的健康。

（一）强化安全培训和意识教育：构建安全文化的基石

在机械装配工艺中，员工的安全意识和操作技能是确保工作场所安全稳定的关键因素。一个缺乏安全意识和技能的员工，可能会因为一个简单的失误导致严重的事故，给自己、同事和企业带来不可估量的损失。因此，强化安全培训和意识教育成为确保机械装配工艺安全的首要措施。为了提升员工的安全意识和操作技能，企业应制定系统的安全培训计划，并定期组织员工参加安全培训课程。这些课程应涵盖机械装配工艺的安全操作规程、危险源的识别与评估、事故预防与应对措施等核心内容。通过培训，员工可以深入了解安全标准，掌握正确的操作方法，从而在工作中更加谨慎、规范地操作机械设备。

除了传统的课堂教学，企业还可以采用多种形式，如案例分析、模拟演练、小组讨论等，以提升员工的学习兴趣和参与度。此外，企业还可以定期举办安全知识竞赛、安全演练等活动，让员工在轻松愉快的氛围中巩固安全知识，提高应对突发情况的能力。在强化安全培训的同时，企业还应注重意识教育的培养。意识教育是指通过宣传教育、文化活动等方式，使员工在思想深处认识到安全的重要性，并形成自觉遵守安全规定的行为习惯。企业可以通过悬挂安全标语、制作安全宣传栏、播放安全教育视频等方式，营造浓厚的安全文化氛围，使员工在潜移默化中受到教育和熏陶。

总之，强化安全培训和意识教育是构建企业安全文化的基石。通过系统的培训和深入的意识教育，可以显著提升员工的安全意识和操作技能，为企业的安全生产保驾护航。同时，这也体现了企业对员工生命安全的高度重视和关怀，有助于增强员工的归属感和忠诚度，为企业的长远发展奠定坚实基础。

（二）实施机械设备的安全防护和检查：确保工艺稳定与人员安全

机械设备作为机械装配工艺中的核心工具，其安全性直接关系到整个生产过程的稳定以及员工的生命安全。因此，实施机械设备的安全防护和检查显得尤为关键。企业应制定详细的机械设备安全管理制度，明确各类设备的检查周期、检查内容以及维护标准。定期对机械设备进行安全检查和维护，不仅可以确保设备处于良好的工作状态，还能及时发现潜在的安全隐患，防止事故的发生。为机械设备安装适当的安全防护装置是确保操作安全的重要手段。例如，为高速旋转的部件安装防护罩，可以防止飞溅的物料或部件碎片伤害操作人员；为机械设备设置安全开关，可以在紧急情况下自动切断电源，避免设备继续运转造成伤害。

除此之外，员工在操作机械设备时也必须严格遵守操作规程。企业应提供详细的操作指南，并对员工进行必要的培训，确保他们正确、安全地操作设备。同时，企业还应建立监督机制，对员工的操作行为进行定期检查和评估，及时发现和纠正违规操作。在对机械设备进行安全防护和检查过程中，企业还应注重技术创新和升级。随着科技的发展，越来越多的先进技术和设备应用于机械装配领域。企业应积极引进这些技术和设备，提高生产效率和安全性能，为员工的生命安全提供更加坚实的保障。实施机械设备的安全防护和检查是确保机械装配工艺稳定与人员安全的关键措施。企业应高度重视这一工作，不断完善相关制度和流程，为员工提供一个安全、高效的工作环境。

（三）建立严格的安全管理制度和应急预案：构建全面防线，确保生产安全

在机械装配工艺中，建立严格的安全管理制度和应急预案是确保生产安全不可或缺的一环。这些制度和预案不仅为员工提供了明确的安全操作指南，还为企业应对突发情况时提供了有力的支持和保障。企业应制定全面而详细的安全管理制度。这一制度应涵盖机械装配工艺的各个环节，明确各级人员的安全职责和操作规范。通过制度化管理，可以确保每个员工都清楚自己在安全方面的职责和要求，从而在工作中时刻保持警惕，避免事故的发生。建立应急预案是应对突发事件的关键措施。企业应针对可能发生的安全事故制定具体的应对措施，包括事故报告、现场处置、人员疏散、救援等流程。这些预案应经过多次演练和修订，确保其在实际操作中能够迅速、有效地发挥作用。此外，企业还应定期组织员工进行应急演练，提高他们在紧急情况下的应对能力和自救互救能力。为了确保安全管理制度和应急预案的有效性，企业应定期组织安全检查和评估。这些检查和评估应涵盖机械装配工艺的各个环节和设备，及时发现和整改存在的安全隐患。通过定期的检查和评估，可以确保企业的安全管理体系始终保持在最佳状态，为生产安全提供有力保障。

机械装配工艺中的安全措施是确保员工生命安全和企业正常运营的重要保障。通过强化安全培训和意识教育、实施机械设备的安全防护和检查以及建立严格的安全管理制度和应急预案等措施，可以有效降低机械装配工艺中的安全风险，减少事故的发生。这些措施不仅体现了企业对员工生命安全的重视，也体现了企业的社会责任和可持续发展理念。因此，企业应持续加强机械装配工艺中的安全管理工作，不断提高员工的安全意识和操作技能，确保工作场所的安全和员工的健康。

四、事故应急处理与预防措施

在机械装配工艺中，尽管采取了种种安全措施来预防事故的发生，但仍有可能发生安全事故。因此，建立完善的事故应急处理机制以及实施有效的预防措施显得尤为重要。事故应急处理能够及时响应并控制事故的发展，减少损失；而预防措施则能从根本上降低事故发生的概率。下文将详细探讨事故应急处理与预防措施的重要性及其实施方法。

（一）建立健全的事故应急处理机制：确保迅速响应，降低事故损失

在机械装配工艺中，建立健全的事故应急处理机制是确保事故发生后能够及时、有效应对的核心环节。一个完善的事故应急处理机制不仅能够在关键时刻迅速调动资源、指挥各方协同作战，更能最大程度地减少人员伤亡和财产损失，保护企业的核心利益。企业应制定全面、具体的事故应急预案。该预案应涵盖机械装配工艺中可能发生的各类事故，明确应急响应的流程、责任分工和资源配置。预案的制定应基于深入的风险评估和事故分析，确保其实用性和可操作性。同时，预案还应定期更新和修订，以适应工艺和设备的变化。

建立高效的应急指挥系统至关重要。这一系统应具备快速响应、决策准确、指挥有力的特点。在事故发生时，应急指挥系统能够迅速启动应急响应程序，调动各方资源，协调各相关部门协同作战。通过高效的指挥和协调，可以最大程度地控制事故的发展，减少损失。此外，进行应急演练和培训同样不可忽视。通过定期的应急演练和培训，可以提高员工在应急情况下的应对能力和自救互救能力。这不仅能够增强员工的安全意识，还能确保他们在事故发生时能够冷静应对、正确操作。建立健全的事故应急处理机制还需要注重与其他安全管理措施的衔接和配合。

综上所述，建立健全的事故应急处理机制是确保机械装配工艺安全的重要保障。通过制定全面具体的预案、建立高效的应急指挥系统以及加强应急演练和培训等措施，企业可以在事故发生时迅速响应、有效应对，最大程度地减少损失、保护企业的核心利益。

（二）实施全面的预防措施：从根本上降低事故风险

在机械装配工艺中，实施全面的预防措施是降低事故发生的根本途径。一个全面的预防措施体系能够从根本上降低事故的风险，确保生产过程的稳定和安全。企业应从源头上控制风险，对机械装配工艺进行全面的风险评估。风险评估是对工艺中各个环节进行深入的分析和评估，识别出可能存在的安全隐患和危险源。通过风险评估，企业可以更加清晰地了解工艺中的薄弱环节和潜在风险，为后续的预防措施提供有针对性的指导。加强设备维护和检修是预防事故的关键措施。机械设备是机械装配工艺中的核心组成部分，其运行状态直接影响到生产过程的安全和效率。

企业应建立完善的设备维护制度，定期对设备进行检修和维护，确保设备处于良好的工作状态。同时，对于发现的设备故障和隐患，应及时进行修复和处理，防止因设备故障引发的事故。

提高员工的安全意识和操作技能也是预防事故的重要措施。企业应加强安全培训和意识教育，使员工充分认识到安全的重要性，掌握正确的操作方法。通过培训和教育，可以提高员工的安全意识，增强他们的自我保护能力，减少因违规操作或疏忽大意引发的事故。

除了以上措施，企业还可以采取其他预防措施，如加强现场安全管理、建立安全奖惩机制等。这些措施可以共同构成一个全面的预防体系，从源头上降低事故风险，确保机械装配工艺的安全和稳定。企业应从源头上控制风险，加强设备维护和检修，提高员工的安全意识和操作技能，共同构建一个全面的预防体系。

（三）强化事故原因分析和责任追究：确保深刻反思，预防未来事故

事故发生后，对事故原因进行深入分析和责任追究是确保企业能够从中吸取教训、防止类似事故再次发生的关键环节。一个严谨、公正的事故调查和分析过程，不仅能够揭示事故发生的真相，还能为企业的安全管理提供宝贵的经验和教训。

企业应迅速成立事故调查组，负责对事故进行全面、客观的调查。调查组应由具备专业知识和经验的人员组成，确保调查结果的准确性和公正性。在调查过程中，调查组应深入现场，详细了解事故发生的经过和情况，收集相关证据和资料。同时，还应与相关人员进行深入交流，听取他们的意见和建议，确保调查的全面性和客观性。事故调查组应对事故进行深入分析，找出事故发生的直接原因和根本原因。直接原因通常是导致事故发生的直接行为或条件，如机械故障、操作失误等。而根本原因则是指导致直接原因产生的更深层次的原因，如管理漏洞、安全意识不足等。通过深入分析，企业可以更加清晰地了解事故的成因和背后的管理问题，为后续的改进措施提供有针对性的指导。对事故责任人进行严肃处理也是事故原因分析和责任追究的重要环节。企业应根据事故调查的结果，对事故责任人进行明确的责任划分和追责。

对于存在违规操作、失职渎职等行为的责任人，企业应依法依规进行处理，以起到警示作用。同时，企业还应建立健全的事故责任追究机制，确保事故责任人能够受到应有的惩罚和教育。通过强化事故原因分析和责任追究，企业才能不断完善自身的安全管理体系，提高安全管理水平。企业应根据事故调查的结果，及时制定并落实相应的改进措施，消除事故隐患，提高工艺和设备的安全性。同时，企业还应加强员工的安全培训和意识教育，提高员工的安全意识和操作技能，从根本上杜绝事故隐患。综上所述，强化事故原因分析和责任追究是确保企业能够深刻反思、预防未来事故的重要措施。

事故应急处理与预防措施是确保机械装配工艺安全的重要保障。建立健全的事故应急处理机制能够及时、有效地应对事故，减少损失；而实施全面的预防措施则能从根本上降低事故发生的概率。同时，强化事故原因分析和责任追究对于防止类似事故再次发生具有重要意义。企业应高度重视事故应急处理与预防措施的落实工作，不断完善自身的安全管理体系，提高安全管理水平，为企业的稳定发展和员工的生命安全保驾护航。

第三章　机械装配设备与工具

机械装配设备与工具是现代制造业中不可或缺的重要组成部分，它们对于提高装配效率、保证产品质量、降低生产成本具有至关重要的作用。随着科技的不断进步，机械装配设备与工具也经历着创新与发展，从传统的手动工具到现代的数控设备和智能装配系统，它们为机械装配领域带来了巨大的变革。

第三章将全面介绍机械装配设备与工具的相关知识，包括基本设备、常用工具、数控装配设备以及智能装配系统与机器人应用等方面。通过对这些内容的深入剖析，读者将能够了解机械装配设备与工具的发展现状和趋势，为实际应用提供有力的支持。全面了解机械装配设备与工具的基本知识、应用与发展趋势，为提升机械装配水平、推动制造业发展贡献自己的力量。

第一节　机械装配设备概述

一、机械装配所需的基本设备

随着科技的不断进步和工业化进程的加速，机械装配行业对设备的依赖程度越来越高。传统的手工装配方式已经无法满足现代工业生产的需求，因此，高效、精确的机械装配设备是行业发展的必然趋势。这些设备不仅能够大幅提高装配效率，减少人工成本，还能够确保产品的质量和稳定性。机械装配所需的基本设备主要包括以下几种。

（一）钳工工作台

钳工工作台无疑是机械装配流程中的核心基础设备，它为装配工作提供了稳固可靠的支撑和操作平台。钳工工作台的设计融合了实用性和耐用性，确保操作员在各种装配作业中都能展现出其卓越的性能。它不仅能够为操作员提供足够的操作空间，让他们可以在舒适的环境中进行精细的装配工作，而且其稳定的结构也能确保装配过程的准确性和效率。以双面四工位重型钳工桌为例，这种工作台特别适用于钳工相关专业的学生进行实习实训，也适用于工厂的实际生产实验。其双面设计使得两个操作员可以同时在同一张工作台上进行工作，从而大大提高了工作效率。四工位的设计则使得装配过程中的各种工具和零部件可以有序地放置，方便操作员随时取用。而重型的设计则保证了工作台在承受重物时依然稳固，不易发生变形或晃动，进一步确保了装配的准确性和安全性。此外，这种钳工桌还有坚固耐用的特点。它通常采用高质量的钢材制作而成，表面经过特殊处理，能够有效抵抗锈蚀和磨损。这使得钳工桌能够在长时间的使用中保持其原有的性能和外观，为装配工作提供持久的支持。

（二）起重设备

在机械装配过程中，起重设备同样发挥着不可或缺的作用。它们主要用于搬运和定位重型零部件，如吊车、叉车和升降平台等。起重设备通过其强大的起重能力和精确的定位功能，可以显著提高装配过程中的物料搬运效率，降低人力成本。吊车是起重设备的代表，它适应性强，可以在不同的高度和角度进行起重作业。叉车则主要用于在地面上的物料搬运，可以快速地将零部件从一个地方搬运到另一个地方。而升降平台则可以将操作员和零部件一起抬升到需要的高度，方便进行装配作业。

（三）测量工具

测量工具在机械装配过程中扮演着至关重要的角色，它们包括卡尺、千分尺、量规、高度规等一系列精密仪器，用于精确测量零部件的尺寸和位置，从而确保装配的精度和质量。卡尺作为一种常见的测量工具，具有结构简单、操作方便的特点。它可以通过测量零部件的外径、内径、深度等参数，为装配工作提供准确的尺寸数据。千分尺则是一种更为精确的测量工具，其测量精度可达千分之一毫米，适用于对零部件尺寸进行精细调整的场景。量规通常用于检验零部件的尺寸是否符合预设标准。它可以根据实际需要定制不同的尺寸范围，帮助操作员快速判断零部件是否合格。高度规则主要用于测量零部件的高度和垂直度，确保其在装配过程中的位置准确无误。这些测量工具不仅具有高精度和可靠性，而且操作简便，使得装配人员能够轻松掌握使用方法。通过精确测量零部件的尺寸和位置，装配人员可以确保每个零部件都能按照设计要求进行装配，从而提高整个机械系统的性能和稳定性。此外，随着科技的不断发展，现代测量工具还融入了数字化和智能化的元素。例如，一些先进的测量设备可以通过与计算机连接，实现数据的自动采集和处理，进一步提高测量效率和准确性。

（四）电动和气动工具

电动和气动工具是现代机械装配过程中不可或缺的重要设备，它们以其高效、便捷的特性，极大地提升了装配工作的效率和质量。电动螺丝刀是装配作业中常用的电动工具之一。它采用电力驱动，可以迅速而准确地拧紧螺栓，极大地减少了装配人员的手动操作时间。与传统的手动螺丝刀相比，电动螺丝刀不仅操作简便，而且拧紧力度更加均匀和稳定，有效避免了因手动操作不当导致的装配质量问题。此外，电动螺丝刀还具备多种规格和型号，能够适应不同尺寸和类型的螺栓，满足各种装配需求。气动钻则是另一种常用的气动工具，它利用压缩空气作为动力源，通过高速旋转的钻头实现快速打孔。气动钻具有功率大、转速高、操作灵活等特点，能够轻松应对各种硬质材料的打孔作业。在装配过程中，气动钻可以快速准确地完成零部件的定位和连接孔的加工，为后续的装配工作提供便利。除了电动螺丝刀和气动钻，还有许多其他类型的电动和气动工具，如电动扳手、气动砂轮机等，它们都在各自的领域发挥着重要作用。在使用电动和气动工具时，也需要注意安全操作规范。例如，要保持工具的清洁和保养，避免过度使用导致设备损坏或性能下降；同时，操作人员需要佩戴防护眼镜、手套等安全装备，确保在使用过程中的人身安全。

（五）焊接设备

焊接设备是机械装配过程中不可或缺的重要工具，包括焊接机、焊枪等一系列专业设备，主要用于对需要连接的零部件进行焊接处理，从而实现牢固的连接。焊接机作为焊接设备的核心，通过提供稳定而强大的焊接电流，确保焊接过程的顺利进行。不同类型的焊接机适用于不同的焊接需求，如交流焊接机适用于一般钢材的焊接，而直流焊接机则更适用于特殊材料的焊接。焊接机具有操作简便、焊接质量高、效率高等特点，可以大大提高焊接工作的效率和质量。焊枪则是焊接过程中的重要工具，它能够将焊接电流传递到需要焊接的零部件上，完成焊接过程。焊枪的设计考虑了操作人员的舒适性和安全性，使得焊接工作更加轻松和安全。同时，焊枪还配备了不同规格的焊嘴和焊丝，以适应不同材料和厚度的焊接需求。在机械装配过程中，焊接设备的应用广泛。无论是汽车制造、船舶建造还是机械设备制造，都需要对零部件进行焊接处理，以确保其牢固连接。通过使用焊接设备，可以将不同材质、不同形状的零部件精确地连接在一起，形成一个整体，从而提高机械系统的稳定性和可靠性。在使用焊接设备时，要特别注意安全操作规范。焊接过程中会产生高温和火花，因此需要佩戴防护眼镜、手套等安全装备，避免烫伤和火灾等安全事故的发生。同时，还需要对焊接设备进行定期维护和保养，以确保其正常运行和延长使用寿命。

（六）定位与夹紧装置

定位与夹紧装置在机械装配过程中发挥着至关重要的作用，它们的主要功能在于固定零部件的位置，防止在装配过程中发生移动或变形，从而确保装配的准确性和稳定性。定位装置通常采用精确的机械结构或电子系统，能够准确地将零部件放置在预定的位置。这些装置的设计充分考虑了零部件的形状、尺寸和质量等因素，以确保零部件能够稳定地放置在装配台上。通过定位装置，装配人员可以迅速而准确地完成零部件的定位工作，避免了手动定位可能带来的误差和不便。夹紧装置则用于将零部件牢固地固定在装配台上，防止在装配过程中发生移动或变形。这些装置通常具有强大的夹持力和稳定的结构，能够确保零部件在装配过程中始终保持稳定的状态。通过夹紧装置，装配人员可以自如地进行装配工作，不必担心零部件的移动或变形对装配质量造成影响。定位与夹紧装置的应用不仅提高了装配的准确性和稳定性，还降低了装配过程中的操作难度和成本。此外，这些装置还能够帮助装配人员避免一些常见的装配问题，如零部件的错位、变形等，进一步提高了装配的成功率和可靠性。需要注意的是，定位与夹紧装置的选择和使用应根据具体的装配需求和条件进行。不同的零部件和装配过程可能需要不同类型的定位与夹紧装置。因此，在选择和使用这些装置时，需要充分考虑实际情况，确保其能够满足装配的需求并发挥最佳的效果。

（七）清洁设备

清洁设备在机械装配过程中占据着举足轻重的地位，它们的主要任务是对零部件进行清洁处理，以确保装配的质量和性能。清洁工作的重要性不容忽视，因为零部件表面的油污和杂质可能会严重影响装配的精度和稳定性，甚至可能导致装配失败或机械故障。吸尘器是一种常见的清洁设备，它通过吸力将零部件表面的灰尘、颗粒和杂质迅速吸走，使零部件恢复清洁状态。吸尘器的使用不仅高效便捷，而且能够彻底清洁零部件表面的微小杂质，为后续的装配工作提供良好的基础。擦拭布则是另一种常用的清洁工具，它采用柔软且吸水性强的材料制成，能够轻松擦去零部件表面的油污和污渍。擦拭布通常与清洁剂一起使用，通过擦拭和化学反应，将零部件表面的油污和杂质彻底清除。这种清洁方式适用于各种材质和形状的零部件，具有广泛的适用性。在装配过程中，清洁设备的使用应贯穿始终。从零部件的初步处理到最终的装配完成，都需要对零部件进行定期的清洁和检查。此外，清洁设备的选择和使用也需要根据具体情况进行。

不同的零部件和装配环境可能需要不同类型的清洁设备。因此，在选择清洁设备时，需要充分考虑零部件的材质、形状、油污程度以及装配环境等因素，选择最适合的清洁设备，以确保清洁效果的最佳。

（八）其他辅助设备

在机械装配过程中，除了主要的装配工具和设备，其他辅助设备同样发挥着不可或缺的作用。这些辅助设备，如照明设备和通风设备等，为装配过程提供了良好的工作环境和条件，确保了装配工作的顺利进行。照明设备是装配现场必不可少的辅助设备之一。它们提供充足而均匀的光照，使装配人员能够清晰地看到零部件的细节和装配位置。良好的照明条件不仅有助于提高装配的准确性和效率，还能减少因视线不清导致的操作失误和安全事故。在装配现场，通常会使用专业的工业照明灯具，它们具有亮度高、耐用性好等特点，能够满足长时间、高强度的照明需求。通风设备同样是装配现场不可或缺的辅助设备。在装配过程中，由于零部件的加工和装配操作可能会产生一些有害气体和粉尘，因此需要良好的通风条件来保持空气的清新和流通。通风设备可以有效地排除室内的污浊空气，引入新鲜空气，降低室内的温度和湿度，为装配人员提供一个舒适的工作环境。这不仅有助于提高装配人员的工作效率，还能减少因长时间在封闭环境中工作而导致的不适和健康问题。此外，还有一些其他的辅助设备，如移动式工作台、储物柜等，它们也为装配过程提供了便利和支持。移动式工作台可以根据需要移动到不同的位置，为装配人员提供一个稳定的工作平台；储物柜则可以用来存放零部件、工具和耗材等物品，使装配现场更加整洁有序。

综上所述，机械装配所需的基本设备在现代工业生产中发挥着举足轻重的作用。这些设备不仅种类繁多、功能完善，而且随着技术的不断进步，正在逐步实现智能化和自动化。同时，环保和可持续发展也成为当前机械装配设备发展的重要方向。未来，随着科技的不断进步和工业生产的不断发展，我们可以期待更多高效、智能、环保的机械装配设备问世，为工业生产的进步和发展做出更大的贡献。

二、机械装配设备的分类与特点

在现代工业生产中，机械装配设备扮演着至关重要的角色。它们不仅有助于提高生产效率，而且确保了产品的质量和稳定性。随着技术的不断进步，机械装配设备的种类也日益丰富，每种设备都有其独特的特点和应用场景。为了更好地了解和应用这些设备，有必要对机械装配设备进行分类，并深入探讨它们各自的特点。

（一）按功能划分的设备类型及其特点

机械装配设备按照其功能可以细分为多个类型，每一种设备都有特定的作用，共同确保生产过程的顺畅和高效。装配线是机械装配设备中的重要一环，尤其适用于大规模生产环境。装配线通常由一系列自动化设备和流水线组成，能够实现从零部件到成品的快速、准确装配。装配线的设计往往考虑到产品的特性、生产效率和空间布局，以确保每个零部件都能准确无误地装配到指定位置。通过装配线，企业可以大幅提高生产效率，同时降低人为错误和装配偏差。焊接设备是专门用于金属材料连接的机械装配设备。焊接设备具有高精度、高效率和高稳定性等特点，广泛应用于汽车、造船、航空航天等领域。现代焊接设备通常集成了先进的焊接技术，如激光焊、等离子焊等，能够实现高质量、高效率的焊接作业。焊接设备的应用不仅提高了产品的连接强度，还有助于提高产品的整体质量和可靠性。拧紧设备也是机械装配设备中不可或缺的一部分。拧紧设备主要用于螺栓和其他紧固件的拧紧作业，确保连接的牢固和可靠。在机械装配过程中，螺栓连接是一种常见的连接方式。拧紧设备通过施加适当的扭矩和力矩，确保螺栓连接的紧密和稳定，从而防止产品在使用过程中出现松动或脱落等问题。

（二）按技术特点划分的设备类型及智能设备的优势

从技术特点的角度来看，机械装配设备可以被划分为传统设备和智能设备两大类。这两类设备在性能、操作方式以及适应性等方面有着显著的区别。传统设备主要包括手动工具和半自动装配机等。这些设备操作简单，对于某些基础装配任务非常有效。然而，它们的效率较低，尤其是在大规模或连续生产的环境中，往往难以满足高效的生产需求。此外，传统设备的精度也有限，可能无法满足高精度、高质量的产品装配要求。尽管这些设备在某些特定场合仍然有其应用价值，但在现代工业生产中，它们有逐渐被智能设备所取代的趋势。

相比之下，智能设备则代表了机械装配设备领域的最新发展。这些设备集成了人工智能、机器人技术、机器视觉等先进技术，具备高度的自动化、智能化和柔性化特点。智能设备能够自主完成复杂的装配任务，无须人工干预，从而大大提高了生产效率。同时，通过精确的控制和先进的算法，智能设备能够实现高精度的装配，确保产品质量。此外，智能设备还具有高度的柔性化特点，能够适应各种复杂的装配需求，无论是产品种类的变化还是生产规模的调整，都能迅速适应。

（三）设备选型与实际应用场景的结合

在选择机械装配设备时，必须深入考虑实际应用场景，确保所选设备能够最大限度地满足生产需求。不同的生产环境和产品特性对机械装配设备的要求各不相同，因此，选型过程中的每一个决策都需要细致权衡。对于小批量生产或定制化产品，设备的灵活性和适应性尤为重要。这类生产场景往往涉及多样化的产品种类和频繁的生产线调整。因此，选择那些易于配置、能够快速适应变化的设备就成为关键。例如，一些模块化设计的装配线或智能机器人，它们能够通过简单的调整或编程来适应不同的装配任务，从而确保生产的高效进行。

而对于大规模生产或高精度要求的产品，设备的效率和稳定性则成为首要考虑因素。在这样的生产环境下，设备需要长时间、连续地运行，并且保证每一次装配的准确性和一致性。高效的装配线和精确的焊接、拧紧设备在这样的场景中发挥着不可或缺的作用。此外，设备的耐用性和维护便利性也显得至关重要，因为它们直接影响到生产线的持续运行和成本控制。除了设备本身的技术特点和生产需求，成本、维护难度以及使用寿命也是选型过程中不可忽视的因素。设备购置的成本必须与企业的预算相符，而设备的维护难度和成本则关系到长期运营的经济性。同时，设备的预期使用寿命也是需要重点考虑的部分，它直接关系到企业的长期投资回报。

机械装配设备的分类与特点是一个复杂而又重要的议题。通过对设备按功能和技术特点进行分类，可以更清晰地了解各种设备的优势和适用场景，为实际生产中的设备选型提供有力支持。同时，结合实际应用场景进行设备选型，也是确保生产效率和产品质量的关键。随着技术的不断进步和应用需求的不断提高，人们有理由相信，未来的机械装配设备将会更加多样化、智能化和高效化，为现代工业生产的发展注入新的活力。

三、机械装配设备的选型与配置

随着科技的不断进步和制造业的快速发展，机械装配设备在生产线中的作用日益显现。选型与配置合理的机械装配设备不仅能提高生产效率，降低生产成本，还能确保产品质量和增强企业的市场竞争力。因此，对于机械装配设备的选型与配置进行深入研究，对于现代制造业来说具有重要的现实意义。

（一）机械装配设备选型的基本原则

在进行机械装配设备选型时，应遵循一定的基本原则。这些原则包括适应性原则、经济性原则、技术先进性原则和可靠性原则。

适应性原则：设备应能满足生产线的具体需求，包括装配工艺、生产速度和产量等。不同行业和不同产品对装配设备的要求不同，因此，选型时必须确保设备与生产线的需求相匹配。

经济性原则：设备的投资成本、运行成本和维护成本等经济因素也是选型时需要考虑的重要因素。企业应根据自身经济实力和市场状况，选择性价比高的设备。

技术先进性原则：设备的技术水平直接影响到生产效率和产品质量。因此，在选型时应优先考虑技术先进、性能稳定的设备。

可靠性原则：设备的可靠性对于保证生产线的连续稳定运行至关重要。在选型时，应对设备的制造商、售后服务等进行全面考察，确保设备的可靠性。

（二）机械装配设备选型

机械装配设备选型是机械装配过程中至关重要的一步，它直接关系到装配效率、质量和成本。合理的设备选型不仅有助于提高装配的准确性和稳定性，还能降低操作难度和成本，为企业的生产和发展提供有力支持。

在进行机械装配设备选型时，首先需要考虑的是装配的具体需求和条件。不同的装配任务需要不同类型的设备，必须明确装配的零部件类型、尺寸、精度要求以及生产规模等因素，以便选择最适合的设备。其次需要考虑设备的性能和质量。设备的性能直接影响到装配的效率和质量，因此，在选择设备时，需要关注其精度、稳定性、耐用性等方面的指标。此外，设备的质量也是不可忽视的因素，优质设备通常具有更高的可靠性和更低的故障率，能够为企业带来更好的经济效益。设备的操作和维护便利性也是选型过程中需要考虑的因素。操作简单、维护方便的设备能够降低操作人员的劳动强度，提高工作效率，同时也有助于减少设备故障和延长使用寿命。设备的成本也是选型过程中需要考虑的重要因素。在选择设备时，需要综合考虑设备的购买成本、运行成本以及维护成本等因素，以确保选型的经济性。

综上所述，机械装配设备选型是一项复杂而重要的工作，需要综合考虑多种因素。在选型时，应明确装配的具体需求和条件，关注设备的性能和质量，考虑设备的操作和维护便利性，以及设备的成本等因素。通过合理的设备选型，可以为企业带来更好的经济效益。

（三）机械装配设备配置

机械装配设备的配置是确保装配过程顺利进行和装配质量达到要求的关键环节。配置机械装配设备时,需要综合考虑装配任务的复杂性和生产规模、零部件特性以及现有设备资源等多个因素。

首先,要根据装配任务的复杂性和生产规模来确定所需的设备类型和数量。对于简单的装配任务,可能只需要基本的装配工具和设备;而对于复杂的装配任务,可能需要更高级的自动化装配线或机器人装配系统。同时,生产规模的大小也会直接影响设备的配置,大规模生产通常需要更多的设备和更高的自动化程度。其次,要考虑零部件的特性对设备配置的影响。不同的零部件可能需要不同的装配设备和工艺,例如,对于需要高精度装配的零部件,可能需要配置高精度的测量和定位设备;对于大型或重型零部件,可能需要配置相应的吊装和搬运设备。此外,还要充分利用现有的设备资源。在配置设备时,应优先考虑使用现有的设备,避免浪费。如果现有设备无法满足装配需求,可以考虑进行升级或改造,以提高设备的性能和适应性。最后,设备的配置还需要考虑安全性和环保性。在配置设备时,应确保设备符合相关的安全标准和环保要求,采取有效的安全防护措施,降低操作风险,并减少对环境的影响。

机械装配设备的选型与配置是制造业中不可或缺的一环。在选型时,要遵循适应性、经济性、技术先进性和可靠性等基本原则;在配置时,要考虑设备组合、布局、维护和智能化改造等优化策略。通过合理的选型与配置,可以提高生产效率、降低生产成本、确保产品质量并增强企业的市场竞争力。未来,随着科技的不断进步和制造业的持续发展,机械装配设备的选型与配置将会更加复杂和多样化。因此,要不断学习和探索新的技术和管理方法以适应这一变化。

四、机械装配设备的维护与管理

机械装配设备作为现代制造业的核心组成部分,其运行状态和维护管理直接关系到企业的生产效率和产品质量。随着设备技术的不断升级和生产规模的扩大,机械装配设备的维护与管理变得越发重要。有效的维护与管理不仅能够延长设备的使用寿命,降低故障率,还能确保生产线的稳定运行,为企业创造更大的价值。因此,下文将从三个方面探讨机械装配设备的维护与管理。

(一)机械装配设备维护

机械装配设备的维护是确保设备长期稳定运行和延长使用寿命的重要措施。以下是一些关于机械装配设备维护的要点。

要定期进行设备的清洁和保养。首先清洁工作可以去除设备表面的油污和杂质,防止其对设备的正常运行造成影响。保养工作则包括润滑、紧固、调整等操作,确保设备的各个部件都处于良好的工作状态。其次对关键部件和易损件要特别关注。这些部件和零件往往对设备的性能和稳定性起着至关重要的作用。可定期检查其磨损情况,及时更换或修复损坏的部件,避免设备因部件损坏而停机。此外设备的电气系统也需要定期维护。电气系统的故障往往会导致设备无法正常运行,可定期检查电气元件的连接情况、线路的绝缘性能等,确保电气系统的安全可靠。

在维护过程中,还需要关注设备的润滑情况。良好的润滑可以减少设备部件之间的摩擦和磨损,提高设备的工作效率和使用寿命。因此,要定期更换或补充润滑剂,确保设备的润滑系统正常运行。同时,设备的安全防护装置也需要定期检查和维护。这些装置在保障操作人员安全方面起着关键作用，一旦出现故障或损坏，可能会引发安全事故。最后要做好设备的记录和档案管理。对设备的维护情况、故障处理、更换部件等信息进行详细记录，有助于及时发现潜在问题并采取相应措施，同时也可以为设备的后续维护提供重要参考。

综上所述，机械装配设备的维护是一个综合性的工作，需要关注设备的各个方面，通过定期的清洁、保养、检查和记录等工作，可以确保设备的稳定运行和延长使用寿命，为企业的生产和发展提供有力保障。

（二）机械装配设备管理的策略与方法

在进行设备配置与选型时，应遵循合理配置、量力而行的原则。根据企业的生产规模、产品特点、技术要求和预算等因素，选择性能稳定、操作简便、维护方便的设备。同时，要考虑设备的扩展性和兼容性，以便在未来能够根据生产需求进行升级或扩展。机械装配设备管理的策略与方法是确保设备高效、稳定运行，提升生产效率和质量的关键。以下是一些建议的策略与方法。

1. 设备维护与管理方法

制订设备维护计划：根据设备的类型、使用频率和工作环境等因素，制定合理的设备维护计划。计划应包括定期清洁、润滑、紧固、检查等维护操作，确保设备始终处于良好状态。

实施预防性维护：通过定期检查、预测性维护等手段，提前发现并解决设备潜在问题，避免设备故障对生产造成影响。

强化设备操作培训：加强操作人员对设备操作、维护和保养技能的培训，提高操作水平，减少因人为因素导致的设备故障。

2. 设备使用与操作规范

制定设备操作规程：针对每台设备，制定详细的操作规程，明确操作步骤、注意事项和安全要求。操作人员应严格按照规程进行操作，确保设备正常运行。

加强设备使用监管：建立设备使用记录制度，对设备的使用情况进行实时监控和记录。对于违反操作规程的行为，要及时进行纠正和处罚。

3. 设备故障处理与应急预案

建立设备故障处理流程：制定设备故障处理流程，明确故障报告、诊断、处理和记录等环节，确保故障能够得到及时有效的处理。

制定设备应急预案：针对可能出现的设备故障或突发事件，制定应急预案，包括备用设备的准备、故障处理人员的调配等，确保生产能够顺利进行。

4. 设备信息化管理

利用信息化手段对设备进行管理，如建立设备管理系统、使用物联网技术对设备进行实时监控等。通过信息化管理，可以更加高效地掌握设备的运行状态、使用情况和维护记录等信息，为设备管理提供有力支持。机械装配设备管理的策略与方法涉及多个方面，包括设备配置与选型、维护与管理、使用与操作规范、故障处理与应急预案以及信息化管理等。通过综合运用这些策略与方法，可以确保设备的稳定运行和高效利用，为企业的发展提供有力保障。

（三）机械装配设备维护管理的重要性

机械装配设备维护管理的重要性不容忽视，它直接关系到设备的正常运行、生产效率以及企业的经济效益。以下是关于机械装配设备维护管理重要性的几个主要方面。

首先，机械装配设备维护管理是确保设备正常运行的关键。设备在运行过程中，会因为磨损、老化、松动等原因出现故障，如果不及时进行维护和管理，故障会逐渐扩大，严重影响设备的正常运行。通过定期的维护和管理，可以及时发现并处理这些潜在问题，确保设备始终处于良好的工作状态。

其次，机械装配设备维护管理有助于提高生产效率。设备故障往往会导致生产线停工，给企业带来巨大的经济损失。通过维护管理，可以减少设备故障的发生，降低停工时间，从而提高生产效率。同时，良好的设备维护管理还可以延长设备的使用寿命，减少设备更换的频率，进一步降低生产成本。

再次，机械装配设备维护管理还有助于提高企业的经济效益。设备故障不仅会导致生产停滞，还会增加维修成本。通过维护管理，可以有效预防设备故障的发生，降低维修成本。此外，设备的高效运行还可以提高产品质量，增强企业的市场竞争力，从而为企业带来更多的经济效益。

最后，机械装配设备维护管理对于保障生产安全也具有重要意义。设备故障可能会引发安全事故，给员工的生命财产安全带来威胁。通过维护管理，可以确保设备的安全性能，及时发现并消除安全隐患，为企业的安全生产提供有力保障。机械装配设备维护管理对于确保设备正常运行、提高生产效率、降低生产成本、增强市场竞争力以及保障生产安全等方面都具有重要作用。因此，企业应高度重视机械装配设备的维护管理工作，确保设备始终处于良好的运行状态。

机械装配设备的维护与管理对于企业的生产运营具有重要意义。通过制定科学有效的维护管理策略和方法，企业可以确保设备的稳定运行，延长设备使用寿命，从而为企业创造更大的价值。未来随着制造业的不断发展和设备技术的不断升级，机械装配设备的维护与管理将面临更多的挑战和机遇。因此，企业需要不断创新和完善维护管理手段和方法以适应这一变化。

第二节　机械装配工具介绍

一、常用机械装配工具概述

机械装配工具是制造业中不可或缺的一部分，它们在机械装配过程中发挥着至关重要的作用。无论是简单的螺栓拧紧还是复杂的机械部件组装，都需要依赖各种机械装配工具来完成。这些工具的种类繁多，功能各异，正确选择和使用这些工具对于提高装配效率、保证装配质量以及保障操作安全都至关重要。因此，下文将对常用机械装配工具进行概述，以便读者更好地了解和使用这些工具。

（一）常用机械装配工具的种类与功能

机械装配工具的种类繁多，每种工具都根据其独特的用途而设计，以满足各种装配工作的需求。按照用途来分类，这些工具大致可以分为手动工具、气动工具以及电动工具等几大类。

　　手动工具是最基础且最为常见的装配工具。它们通常不需要外部能源驱动，依靠人力进行操作。例如，扳手是机械装配中不可或缺的工具之一，用于紧固或松开螺栓和螺母。螺丝刀则是用来拧紧或拆卸螺丝的必备工具。锤子在装配过程中常用于敲打或定位部件。这些手动工具操作简单，但效率较低，尤其在需要大量重复操作或面对高强度装配任务时，其局限性就显现出来了。气动工具和电动工具则是机械装配中的高效助手。它们通过气液压或电力驱动，能够自动或半自动地完成装配任务，大大提高了工作效率。气动工具如气动螺丝刀和气动扳手，利用压缩空气为动力，能够快速拧紧螺丝和螺栓。电动工具则包括电动钻、电动螺丝刀等，它们利用电力驱动，能够快速打孔和拧紧螺丝，极大地减轻了操作人员的劳动强度。除了以上常见的工具，还有一些特殊用途的工具，它们针对特定的装配需求而设计。例如，焊接设备用于将金属部件焊接在一起，确保连接的牢固性；紧固件安装工具则专门用于安装紧固件，如铆钉、销钉等。这些特殊工具在特定场景下发挥着不可替代的作用。表 3-2-1 展示了部分机械装配工具的分类及其特点。

表 3-2-1　部分机械装配工具的分类及其特点

工具分类	工具示例	特点	适用场景
手动工具	扳手、螺丝刀、锤子	操作简单，依赖人力	轻度装配任务，小范围操作
气动工具	气动螺丝刀、气动扳手	快速高效，利用压缩空气	中等强度装配任务，需要连续操作
电动工具	电动钻、电动螺丝刀	高效率，电力驱动	高强度装配任务，大量重复操作
特殊工具	焊接设备、紧固件安装工具	针对性强，用于特定装配需求	特殊装配场景，如焊接、紧固件安装

　　这些工具各有其特点，适用于不同的装配场景。在实际应用中，操作人员可以根据装配任务的具体需求选择合适的工具，以提高工作效率和质量。同时，为了确保工具的长期有效使用，还需要对工具进行定期的维护和保养。

（二）机械装配工具的选择原则

　　在选择机械装配工具时，绝非单凭一时的喜好或是价格的考虑就能做出明智的决策。实际上，这是一个需要深入考虑多个因素的过程，以确保所选工具既能够满足当前的装配需求，又能在长期使用中保持高效、安全且经济。

　　首先，工具的适用性无疑是选择过程中最重要的考虑因素之一。装配任务的多样性意味着对工具的需求也是多样的。因此，需要根据具体的装配需求来评估工具的适用性。例如，对于需要高精度装配的任务，可能需要选择具有微调功能的工具，以确保装配的精确性；而对于需要快速完成的大量装配任务，则可能需要选择具有高效率的电动或气动工具。此外，工具的尺寸和质量也是需要考虑的因素，特别是在空间有限或需要长时间手持操作的情况下。其次，工具的安全性同样不容忽视。机械装配工作往往伴随着一定的风险，因此，选择安全的工具至关重要。这包括确保工具本身设计合理，没有锐利的边缘或突出的部分，以避免在使用过程中对操作员造成伤害；同时，也需要考虑工具在操作过程中的稳定性，防止因工具失控而引发的事故。此外，对于电动或气动工具，还需要特别关注其电气安全性能和防护等级，确保在使用过程中不会发生电击或爆炸等危险情况。最后，成本效益也是选择机械装配工具时需要考虑的重要因素。购买成本只是工具总成本的一部分，还需要考虑其使用成本和维护成本。例如，虽然某些高端工具在购买时价格较高，但它们可能具有更高的效率和更长的使用寿命，从而在使用过程中降低总体成本。此外，维护成本也是一个不可忽视的因素，一些工具可能需要定期更换部件或进行专业维护，这都会增加使用成本。因此，在选择工具时，需要进行全面的成本分析，以找到最具成本效益的选项。

机械装配工具是制造业中不可或缺的一部分，正确选择和使用这些工具对于提高装配效率、保证装配质量以及保障操作安全都至关重要。通过了解常用机械装配工具的种类与功能、选择原则以及使用与维护方法，我们可以更好地利用这些工具服务于生产实践。未来随着科技的进步和制造业的发展，机械装配工具将不断更新换代，我们也需要不断学习和掌握新工具的使用方法，以适应行业发展的需求。

二、机械装配工具的使用方法

机械装配工具的正确使用对于确保装配质量、提高生产效率和保障操作安全至关重要。不同类型的机械装配工具具有各自独特的使用方法和技巧。掌握正确的使用方法，不仅可以提高工具的效能，还能减少操作错误，避免潜在的安全风险。因此，下文将探讨机械装配工具的使用方法，帮助读者更好地掌握这些技能。

（一）机械装配工具的基本操作技巧

使用机械装配工具时，掌握基本的操作技巧至关重要。这不仅关乎装配工作的质量和效率，还关系到工具的使用寿命和操作员的安全。因此，对于每一个装配工人来说，掌握这些基本技巧都是不可或缺的基本素质。

以扳手为例，这是一种极为常见的装配工具。使用时要确保扳手与螺栓或螺母完全贴合，这样才能有效地传递力量，避免滑脱或损坏。同时，还需要注意力道大小。过大的力量可能会导致螺栓或螺母损坏，甚至可能使扳手本身变形或断裂；而过小的力量则可能无法完成装配任务，造成工作效率低下。对于螺丝刀来说，选择和使用同样需要技巧。首先，要根据螺丝的大小和紧度选择合适的螺丝刀。过大或过小的螺丝刀都可能导致操作不便，甚至损坏螺丝或螺丝刀本身。其次，在操作时要保持适当的力度和角度。力度过大可能会使螺丝滑丝或损坏，而角度不正确则可能导致螺丝无法顺利拧紧或松开。因此，使用螺丝刀时，需要细心观察、精确操作，以确保装配的准确性和效率。

对于电动和气动工具来说，操作技巧则更为复杂。这些工具通常具有更高的工作效率和更强的动力，但同时也需要更精细的操作。例如，需要熟悉工具的开关操作、调节方法等，以便在需要时能够快速、准确地调整工具的状态。同时，对于这些工具的安全使用规则也需要有深入的了解，如防止电气安全风险和防止气压冲击等。掌握这些基本操作技巧并非一蹴而就，而是需要通过不断实践和学习来积累和提高。在使用过程中，如果遇到问题或困难，应及时向有经验的同事或专业人士请教，以便尽快掌握正确的操作方法。

（二）机械装配工具的安全使用规范

在使用机械装配工具时，安全始终是至关重要的首要原则。因为无论工具的效能多么出色，操作员的安全始终是首要考虑的因素。为了最大程度地降低意外伤害的风险，操作员应当时刻注意并采取一系列的安全措施。

首先，佩戴适当的防护装备是保障安全的基本步骤。例如：手套可以保护手部；护目镜则可以防止飞溅的物体或化学物质伤害眼睛。这些看似简单的装备，实际上在关键时刻能够发挥巨大的保护作用，避免操作员受到伤害。其次，熟悉并遵守工具的安全使用规范也是至关重要的。不同的工具有其特定的使用条件和限制，操作员必须了解并严格遵守。例如，电动工具在易燃易爆环境中使用可能会引发火灾或爆炸，因此必须避免在此类环境中使用。最后，长时间连续使用工具可能导致其过热，进而引发安全事故，因此应合理安排使用时间，避免工具过热。

对于特殊工具，如焊接设备，其安全要求则更为严格。在使用焊接设备时，操作员必须了解并遵守防触电、防火等特殊安全要求。例如，应确保焊接设备的电源线路完好无损，避免漏电或短路；同时，焊接现场应远离易燃物品，并配备相应的灭火器材，以应对可能发生的火灾事故。除了上述提到的安全措施，操作员还应定期对工具进行检查和维护，确保其处于良好的工作状态。如果发现工具存在损坏或异常情况，应及时停止使用并进行维修或更换。在使用机械装配工具时，安全始终是第一位的。操作员应时刻保持警惕，遵守安全规范，佩戴适当的防护装备，并定期对工具进行检查和维护。只有这样，才能确保操作过程的安全性和稳定性，保障操作员的生命安全和身体健康。

掌握机械装配工具的正确使用方法对于确保装配质量、提高生产效率和保障操作安全具有重要意义。通过了解机械装配工具的基本操作技巧、安全使用规范以及维护与保养方法，可以更好地利用这些工具服务于生产实践。同时，随着技术的不断发展和制造业的不断升级，从业者也需要不断学习和掌握新工具的使用方法，以适应行业发展的需求。

三、机械装配工具的维护与保养

机械装配工具是制造业不可或缺的重要设备，其维护与保养对于确保工具的持久性、稳定性和高效性至关重要。正确的维护与保养不仅能够延长工具的使用寿命，减少频繁更换和维修的成本，还能够提高生产效率和产品质量。因此，下文将探讨机械装配工具的维护与保养，为制造业从业者提供有益的参考和指导。

（一）机械装配工具的日常清洁与保养

日常清洁与保养是机械装配工具维护与保养的基础。在使用过程中，工具表面和内部容易积累灰尘、油污和其他杂质，这些杂质不仅影响工具的性能和精度，还可能引发故障和安全隐患。因此，定期清洁工具表面，清理内部杂质，涂抹适量的润滑油或润滑脂，是保持工具良好状态的关键。此外，对于电动和气动工具，还需定期清理散热孔和过滤器，确保通风和散热效果。

（二）机械装配工具的定期检查与维护

除了日常清洁与保养，定期检查与维护也是机械装配工具维护与保养的重要环节。定期检查工具的结构、零部件和电路等是否完好，及时发现并处理潜在问题，可以避免工具在工作过程中出现故障或损坏。对于磨损严重的零部件，应及时更换；对于松动的螺丝和连接件，应重新紧固；对于电动和气动工具，还需定期检查电源线、气管和接头等是否完好，确保其安全可靠。

（三）机械装配工具的存储与防护

正确的存储与防护也是机械装配工具维护与保养的重要方面。工具应存放在干燥、通风、无腐蚀的环境中，还应避免阳光直射。对于长期不使用的工具，应定期进行通电或试运行，以防零部件生锈或粘结。此外，对于精密和易损的工具，还应采取特殊的防护措施，如使用防护罩、防尘袋等，以减少外界因素对其的损害。

机械装配工具的维护与保养对于确保工具的持久性、稳定性和高效性具有重要意义。通过日常清洁与保养、定期检查与维护以及正确的存储与防护，可以有效延长工具的使用寿命，减少维修和更换的成本，提高生产效率和产品质量。因此，制造业从业者应高度重视机械装配工具的维护与保养工作，制订科学的维护计划，加强操作人员的培训和教育，确保工具始终处于良好的工作状态。同时，随着技术的不断发展和制造业的不断升级，我们也需要不断学习和掌握新的维护与保养方法，以适应行业发展的需求。

四、特殊工具在机械装配中的应用

随着制造业的不断进步，机械装配的要求也日益复杂和多样化。在这种情况下，特殊工具的应用变得尤为重要。特殊工具，如精密测量仪器、高精度夹具、自动化装配设备等，能够在保证装配质量的同时，大幅提高生产效率和操作便捷性。下文旨在探讨特殊工具在机械装配中的应用，以展示其独特的优势和价值。

（一）特殊工具在保障装配精度方面的作用

在机械装配过程中，装配精度是衡量产品质量的一项至关重要的指标。它直接关系到产品性能的稳定性、使用寿命的长短以及用户满意度的高低。因此，追求高装配精度一直是机械装配领域不断努力的目标。

传统的手工装配方法往往受限于人为因素，难以达到高精度要求。人为因素包括操作员的技能水平、疲劳程度以及注意力集中程度等，这些因素都可能导致装配误差的产生。而且，手工装配的精度往往难以长时间保持一致性，这也给产品质量的稳定性带来了挑战。然而随着科技的不断进步，特殊工具的应用为机械装配领域带来了革命性的变化。这些特殊工具能够有效地解决传统手工装配难以达到高精度要求的问题。其中，精密测量仪器在机械装配过程中发挥着举足轻重的作用。它们能够准确测量零部件的尺寸和形状，为装配提供精确的数据支持。通过精密测量仪器，操作员可以实时获取零部件的各项参数，确保装配过程的每一个步骤都符合设计要求。这不仅可以大大提高装配的精度，还可以减少因装配误差导致的产品质量问题。

此外，高精度夹具也是机械装配中不可或缺的特殊工具之一。它们能够确保零部件在装配过程中的稳定性和定位精度。通过高精度夹具的固定和定位作用，零部件可以精确地放置在预定位置，避免在装配过程中发生移动或偏移。这不仅可以减少装配误差的产生，还可以提高装配效率，缩短生产周期。这些特殊工具的应用，不仅提高了机械装配的精度，也保证了产品质量的稳定性。这些工具的使用使得装配过程更加可靠、高效，为机械装配领域的发展注入了新的活力。当然，特殊工具的应用也离不开操作员的技能和经验。只有掌握了正确的使用方法，并具备丰富的操作经验，才能充分发挥这些特殊工具的优势，实现高精度的机械装配。因此，对于操作员来说，不断提升自己的技能水平和积累经验同样至关重要。

（二）特殊工具在提高生产效率方面的贡献

自动化装配设备作为一种典型的特殊工具，在机械装配过程中展现出了显著的优势。这些设备能够大幅减少人工操作，通过精确的传感器、控制器和执行机构，实现装配过程的自动化和智能化。在自动化装配设备的辅助下，原本需要人工完成的烦琐、重复的工作被机器取代，操作人员只需进行简单的监控和维护，大大减轻了他们的劳动强度。自动化装配设备的应用不仅降低了操作人员的劳动强度，更显著地提高了生产效率。由于机器具有更高的工作速度和精确度，自动化装配设备能够快速完成大量的装配任务，并且能够在连续不断的生产过程中保持稳定的性能。相比传统的手工装配，自动化装配设备在效率上有了质的飞跃，使得企业能在更短的时间内完成更多的订单，提高生产效率和交付速度。

此外，自动化装配设备还能够减少人为因素导致的装配误差。人为因素往往是导致装配精度不稳定的主要原因之一，而自动化装配设备则能够通过精确的控制系统和传感器，确保每一个装配步骤都按照预设的参数进行，从而避免了人为误差的产生。这不仅提高了产品质量，还增强了生产稳定性，使得企业能够更好地满足客户的需求。

第三节 数控装配设备与工具

一、数控装配设备的概念与发展

随着制造业向数字化、智能化方向的转型，数控装配设备作为重要组成部分，逐渐展现出其强大的潜力和应用价值。数控装配设备，即采用数控技术实现对零部件进行高精度、高效率装配的设备，其概念涵盖了从传统的数控机床到现代的自动化装配线。

（一）数控装配设备的概念及特点

数控装配设备，是指通过数控系统控制，实现零部件自动化、高精度装配的设备。与传统的手工装配或简单机械装配相比，数控装配设备具有显著的特点：首先，其装配精度高，能够满足现代制造业对产品质量的高要求；其次，装配速度快，大大提高了生产效率；最后，数控装配设备还具有操作简便、自动化程度高、适应性强等特点，能够适应不同规模、不同复杂度的装配需求。

（二）数控装配设备的发展

数控装配设备的发展历程，可以说是伴随着数控技术的不断进步而展开的。从最初的简单数控机床，到后来的柔性制造系统、自动化装配线，再到如今的智能制造装备，数控装配设备在技术和功能上不断升级和完善。在此过程中，不仅涉及数控系统的更新换代，还涉及机械结构、传感器、执行器等多个领域的技术创新。数控装配设备的发展历程，充分展示了制造业向数字化、智能化转型的必然趋势。

随着科技的快速发展和制造业的不断升级，数控装配设备的未来趋势越发清晰。首先，智能化将成为主流，通过集成人工智能、大数据等技术，实现设备的自主学习和优化；其次，柔性化和模块化将成为重要发展方向，以满足制造业对快速响应、灵活生产的需求；再次，绿色化也将成为不可忽视的趋势，通过节能减排、循环利用等措施，降低生产过程中的环境负担。这些趋势预示着数控装配设备将在未来制造业中发挥更加重要的作用。

数控装配设备作为制造业数字化、智能化转型的关键设备之一，其概念、发展历程以及未来趋势都值得我们深入研究和关注。通过了解数控装配设备的概念及特点、发展历程和未来趋势，可以更好地理解其在制造业中的重要地位和作用，为企业的升级转型提供有益的参考和指导。同时也应看到，数控装配设备的发展仍面临诸多挑战和机遇，需要从业者在技术创新、人才培养等方面持续努力，推动制造业向更高水平迈进。

二、数控装配设备的特点与优势

随着全球制造业竞争的加剧，高效、精确和自动化的生产流程成为制造业企业提升竞争力、降低成本的关键。数控装配设备作为现代制造业的核心设备之一，以其独特的特点和优势，正逐渐受到越来越多企业的青睐。下文旨在探讨数控装配设备的特点与优势，以期为企业选择和应用数控装配设备提供有益的参考。

（一）数控装配设备的高精度与高效率

数控装配设备能够通过先进的数控系统和高精度的机械结构实现零部件的高精度装配。相比传统的手工装配或简单机械装配，数控装配设备具有更高的装配精度和稳定性，能够有效减少装配误差，提高产品质量。同时，数控装配设备还具有高效率的特点，能够快速完成大量的装配任务，大幅提高生产效率。这种高精度与高效率的结合，使得数控装配设备在制造业中具有不可替代的优势。

（二）数控装配设备的灵活性与自适应性

数控装配设备采用模块化设计，可以根据不同的生产需求和工艺流程进行灵活配置和调整。这种灵活性使得数控装配设备能够适应多种不同的装配任务和产品种类，减少了设备更换和调整的时间与成本。此外，数控装配设备还具有自适应性的特点，能够根据实际生产情况自动调整装配参数和工艺流程，实现智能化生产。这种灵活性与自适应性使数控装配设备在应对市场变化和客户需求变化时具有更强的竞争力。

（三）数控装配设备的节能与环保优势

随着全球环保意识的日益增强，节能与环保成为制造业发展的重要趋势。数控装配设备采用先进的节能技术和环保材料，能够有效降低生产过程中的能耗和排放，减少对环境的影响。同时，数控装配设备还具有低噪声、低振动等特点，能够改善生产环境，提高员工的工作舒适度和生产效率。这种节能与环保的优势不仅有助于企业的可持续发展，还能降低生产成本，提高企业的经济效益。

数控装配设备以其高精度、高效率、灵活性、自适应性以及节能环保等特点与优势，在现代制造业中发挥着越来越重要的作用。这些优势不仅提高了产品质量和生产效率，还降低了生产成本和环境负面影响，为企业的可持续发展提供了有力支持。因此，越来越多的企业开始关注和应用数控装配设备，将其作为提升竞争力、实现转型升级的关键手段。未来，随着技术的不断进步和应用领域的不断拓展，数控装配设备将继续发挥其独特的价值和潜力，为制造业的发展注入新的动力。

三、数控装配设备在机械装配中的应用

随着科技的不断进步和制造业的快速发展，机械装配作为制造业的核心环节，对设

备的精度、效率和自动化程度要求越来越高。数控装配设备作为一种先进的装配设备，其高精度、高效率、高自动化等特点使其在机械装配中得到了广泛应用。下文将探讨数控装配设备在机械装配中的应用，分析其在提高装配质量、效率和自动化水平方面的作用。

（一）数控装配设备在提高装配精度中的应用

机械装配精度是衡量产品质量的重要指标之一。数控装配设备通过先进的数控系统和精密的机械结构，能够实现零部件的高精度定位和装配。在复杂机械装配过程中，数控装配设备能够精确控制每一个装配步骤，确保零部件之间的配合精度和相对位置精度，从而有效提高装配质量。此外，数控装配设备还可以通过编程实现多种装配工艺的自动化切换，适应不同产品的装配需求，进一步提高装配精度和灵活性。

（二）数控装配设备在提高装配效率中的应用

在机械装配过程中，装配效率直接影响到企业的生产能力和市场竞争力。数控装配设备通过自动化的装配流程和高效的控制系统，能够大幅提高装配效率。相比传统的手工装配或简单机械装配，数控装配设备能够在短时间内完成大量的装配任务，减少装配周期和人力成本。此外，数控装配设备还可以实现 24h 不间断工作，进一步提高生产效率。这种高效率的装配方式有助于企业快速响应市场需求，提高生产效益。

（三）数控装配设备在提升装配自动化水平中的应用

随着制造业向智能化、自动化方向发展，装配自动化水平成为企业竞争力的重要指标之一。数控装配设备通过集成先进的传感器、执行器和控制系统，能够实现装配过程的自动化和智能化。在装配线上，数控装配设备可以与其他自动化设备协同工作，实现零部件的自动上料、定位、装配和检测等全过程自动化。这种高度自动化的装配方式不仅降低了操作人员的劳动强度，减少了人为因素导致的装配误差，还提高了装配过程的稳定性和可靠性。

数控装配设备在机械装配中的应用，不仅提高了装配精度和效率，还提升了装配自动化水平，为制造业的发展注入了新的动力。随着制造业的不断升级和市场竞争的加剧，数控装配设备将在机械装配中发挥更加重要的作用。因此，企业应该积极引进和应用数控装配设备，加强技术培训和人才培养，提高员工的操作水平和维护能力，以确保数控装配设备的正常运行和高效利用。同时，企业还应加强与供应商的合作与沟通，共同推动数控装配设备的技术创新和升级换代，为制造业的可持续发展贡献力量。

四、数控装配设备的发展趋势与展望

随着全球制造业的转型升级和智能制造的快速发展，数控装配设备作为实现高精度、高效率装配的关键设备，正面临着前所未有的发展机遇。从传统的数控机床到现代的智能装配线，数控装配设备在技术和功能上不断突破，为制造业的发展提供了有力支撑。

（一）智能化与自动化将成为主流

随着人工智能、机器学习等技术的不断发展，数控装配设备的智能化和自动化水平将进一步提升。未来的数控装配设备将具备更强大的数据处理能力，能够实现自动编程、自动调整和自动优化等功能。此外，通过集成传感器、视觉识别等技术，数控装配设备将能够实现更高级别的自动化装配，减少人工干预和操作，提高生产效率和产品质量。

（二）模块化与柔性化将成为重要发展方向

随着制造业向定制化、个性化方向发展，数控装配设备的模块化与柔性化将成为重要的发展趋势。未来的数控装配设备将采用更加模块化的设计，方便用户根据实际需求进行快速配置和调整。此外，通过引入可重构技术、自适应控制等先进技术，数控装配设备将能够更好地适应不同产品、不同工艺流程的装配需求，实现柔性化生产。

（三）绿色化与可持续发展将成为不可忽视的趋势

在全球环保意识日益增强的背景下，数控装配设备的绿色化和可持续发展将成为不可忽视的趋势。未来的数控装配设备将更加注重节能减排、资源循环利用等方面，采用更加环保的材料和工艺，降低生产过程中的能耗和排放。此外，数控装配设备还将与智能能源管理系统、循环经济模式等相结合，实现更加高效、环保的生产方式。

数控装配设备作为现代制造业的核心设备之一，其发展趋势和展望对于制造业的未来发展具有重要意义。随着智能化、自动化、模块化、柔性化以及绿色化的不断发展，数控装配设备将在未来制造业中发挥更加重要的作用。这些发展趋势不仅提高生产效率、降低成本、提升产品质量，还有助于推动制造业的可持续发展和绿色转型。因此，我们应该密切关注数控装配设备的技术创新和市场动态，加强技术研发和人才培养，推动数控装配设备的不断升级和完善，为制造业的未来发展注入新的动力。

第四节　智能装配系统与机器人应用

一、智能装配系统的概念与构成

随着第四次工业革命的浪潮席卷全球，智能装配系统正逐渐成为现代制造业的核心。它融合了先进的信息技术、自动化技术、机器人技术以及人工智能技术，为制造业带来了前所未有的生产效率和产品质量提升。那么，什么是智能装配系统？它又有哪些关键构成部分？本节将对这些问题进行深入的探讨。

（一）智能装配系统的概念

智能装配系统，是指利用先进的信息技术、自动化技术、机器人技术以及人工智能技术，实现对产品零部件自动、高效、精确装配的系统。它不仅能够大幅提高装配效率，降低人工成本，而且能够确保装配过程的高度精确和可靠，从而显著提升产品质量。智能装配系统是现代制造业转型升级的关键所在，也是实现智能制造的重要手段。

（二）智能装配系统的构成

智能装配系统由多个部分构成，包括机器人及自动化设备、传感器与执行器、智能控制系统和信息管理系统。

机器人及自动化设备：这些设备是实现自动化装配的基础，能够完成各种复杂和高精度的装配任务。

传感器与执行器：传感器用于实时监测装配过程中的各种参数，如位置、速度、力度等，而执行器则根据这些参数调整装配过程，确保装配的准确性和可靠性。

智能控制系统：这是智能装配系统的核心，它集成了人工智能技术，能够实现对机器人及自动化设备的智能控制和优化。

信息管理系统：该系统负责收集、处理和分析装配过程中的各种数据，为管理者提供决策支持。

（三）智能装配系统的优势

智能装配系统具有显著的优势。首先，它能够实现 24h 不间断的装配作业，大幅提高生产效率。其次，由于采用了先进的自动化和机器人技术，装配过程高度精确和可靠，从而显著提升了产品质量。此外，智能装配系统还能够降低人工成本，提高生产效益。随着人工智能、物联网、5G 通信等技术的进一步发展，智能装配系统的应用前景将更加广阔。它不仅将广泛应用于汽车、电子、航空等高端制造业，而且已开始向家电、玩具等日常消费品领域渗透。此外，随着技术的不断创新和进步，智能装配系统将进一步提高装配效率、降低成本、提升产品质量。

智能装配系统作为现代制造业转型升级的关键所在，其概念、构成以及优势和应用前景都值得我们深入研究和探讨。通过深入了解智能装配系统的基本概念和关键构成部分，我们可以更好地理解它在现代制造业中的重要地位和作用。同时，随着技术的不断进步和应用领域的不断拓展，智能装配系统将推动制造业向更高水平迈进。

二、智能装配系统在机械装配中的应用

在制造业中，机械装配是一个至关重要的环节，它涉及多个零部件的精确组合，对最终产品的质量和性能有着决定性影响。随着技术的不断进步，传统的机械装配方式已难以满足现代制造业对效率、精度和灵活性的要求。因此，智能装配系统应运而生，它以其独特的优势，正在逐步改变机械装配领域的生产模式。

（一）智能装配系统提高机械装配的精度与效率

智能装配系统通过集成高精度传感器、执行器和智能算法，能够实现对零部件的精确识别、定位和装配。与传统装配方式相比，智能装配系统不仅大幅提高了装配精度，降低了装配误差，还通过自动化和智能化的生产方式，显著提高装配效率。这不仅能够降低生产成本，还能为企业赢得更多的市场份额。

（二）智能装配系统增强了机械装配的灵活性与适应性

传统的机械装配线往往是针对特定产品设计的，缺乏灵活性和适应性。而智能装配系统则采用模块化、可重构的设计理念，能够根据不同的产品和装配需求进行快速调整和优化。这使得智能装配系统能够轻松应对多品种、小批量的生产模式，增强了企业的市场响应能力和竞争力。

智能装配系统不仅实现了装配过程的自动化和智能化，还通过集成信息化管理系统，实现了装配过程的实时监控和数据采集。这使得管理者能够实时了解装配线的生产状况，及时发现问题并进行调整。此外，通过可视化技术，管理者还能直观地了解装配过程中各个零部件的状态和装配进度，为生产决策提供有力支持。

智能装配系统在机械装配中的应用，不仅提高了装配的精度和效率，增强了装配的灵活性和适应性，还促进了装配过程的智能化和可视化。这些优势使得智能装配系统成为现代制造业中不可或缺的重要工具。随着技术的不断进步和应用领域的不断拓展，智

能装配系统将在机械装配领域发挥更大的作用，推动制造业向更高水平迈进。同时，也应看到，智能装配系统的应用还面临着诸多挑战和问题，例如，如何进一步提高装配精度、如何降低生产成本、如何确保系统的稳定性和可靠性等。因此，从业者需要继续加强技术研发和创新，不断完善智能装配系统的功能和性能，为制造业的可持续发展注入新的动力。

三、机器人在机械装配中的作用与优势

随着科技的不断进步和自动化程度的提高，机器人在机械装配领域的应用越来越广泛。机器人以其高精度、高效率、高灵活性和高可靠性等特点，正逐渐成为机械装配领域的重要力量。它们不仅可以替代人工完成复杂、烦琐的装配任务，还可以提高生产效率、降低生产成本，为制造业的转型升级提供有力支持。

（一）机器人在机械装配中的高精度与高效率

机器人在机械装配中具有非常高的精度和效率。通过先进的控制系统和精密的机械结构，机器人能够实现对零部件的精确识别和定位，确保装配的准确性和可靠性。同时，机器人还能够进行连续、高效的工作，不受人为因素的影响，从而大幅提高生产效率。这不仅可以缩短产品的生产周期，还可以降低生产成本，提高企业的市场竞争力。

（二）机器人在机械装配中的高灵活性与适应性

机器人具有高度的灵活性和适应性，能够应对各种复杂的装配任务和环境变化。通过编程和调试，机器人可以通过调整装配工艺流程和参数设置，适应不同产品、不同规格的装配需求。此外，机器人还可以与其他自动化设备和系统进行协同作业，实现更加灵活和高效的生产线配置。这种高度的灵活性和适应性使得机器人在机械装配领域具有广泛的应用前景。

（三）机器人在机械装配中的质量保证与成本优化

机器人通过精确的控制系统和稳定的机械结构，能够确保装配过程的质量和稳定性。与人工装配相比，机器人装配的误差率更低、一致性更好，从而提高了产品的整体质量和可靠性。此外，机器人还可以通过优化装配流程和减少额外的操作步骤来降低生产成本。长期来看，机器人的应用不仅可以提高产品质量和竞争力，还可以为企业带来持续的成本优化和效益提升。

机器人在机械装配领域的作用与优势显而易见。它们以高精度、高效率、高灵活性和高可靠性等特点，为机械装配带来了革命性的变革。通过机器人的应用，企业不仅可以提高生产效率、降低生产成本，还可以提升产品质量和竞争力。然而也应看到，机器人在机械装配中的应用还面临着技术、成本、安全等方面的挑战。因此，从业者需要继续加强技术研发和创新，完善机器人的功能和性能，推动机器人在机械装配领域的更广泛应用和发展。同时，还要关注人才培养和技能培训等方面的问题，为机器人的应用提供有力的人才保障。

四、未来智能装配系统的发展方向

随着科技的不断进步，智能装配系统已经成为现代制造业的核心组成部分，为制造业的转型升级注入了新的活力。然而，面对日益激烈的市场竞争和不断变化的客户需

求，智能装配系统仍需不断创新和发展。那么，未来智能装配系统又将朝着哪个方向发展呢？

（一）智能化与自主化将成为核心发展方向

未来智能装配系统将更加注重智能化和自主化的发展。通过集成更先进的人工智能技术，智能装配系统将能够实现更高级别的自主决策和智能控制。机器人将能够独立完成更加复杂的装配任务，甚至能够自我学习、自动优化，不断提高装配效率和精度。同时，通过引入物联网、大数据等技术，智能装配系统还将实现与其他设备和系统的无缝连接和协同作业，实现更加智能化和自主化的生产模式。

（二）模块化与柔性化将助力智能装配系统适应多样化需求

未来智能装配系统将更加注重模块化和柔性化的设计。随着制造业向个性化、定制化方向发展，智能装配系统需要能够适应不同产品、不同工艺流程的装配需求。通过采用模块化设计，智能装配系统可以更加便捷地进行配置和调整，满足不同客户的需求。同时，通过引入可重构技术、自适应控制等先进技术，智能装配系统还将更加灵活和适应性更强，能够应对各种突发情况和变化。

（三）绿色化与可持续发展将成为重要考量

在全球环保意识日益增强的背景下，绿色化与可持续发展将成为未来智能装配系统发展的重要考量。智能装配系统将更加注重节能减排、资源循环利用等方面，采用更加环保的材料和工艺，降低生产过程中的能耗和排放。同时，智能装配系统还将与智能能源管理系统、循环经济模式等相结合，实现更加高效、环保的生产方式。

未来智能装配系统的发展将更加注重智能化、自主化、模块化、柔性化以及绿色化和可持续发展等方面。这些发展方向将共同推动智能装配系统不断创新和完善，为制造业的转型升级注入新的动力。同时也应看到，这些发展方向仍面临着诸多挑战和问题，如技术瓶颈、成本压力、市场需求等。因此，从业者需要继续加强技术研发和创新，推动智能装配系统的不断进步和发展。相信在不久的将来，智能装配系统将成为制造业的核心竞争力所在，为人类社会的未来发展做出更加积极的贡献。

第四章　机械装配工程实例分析

机械装配工程实例是理论与实践相结合的最好体现。通过具体的工程案例分析，我们可以更加直观地理解机械装配技术的应用及其在实际生产中的重要性。在第四章中，我们将对地上衡、电子皮带秤、加去盖系统以及夹抱合分机等多个机械装配工程实例进行深入剖析，旨在为读者提供丰富的实践经验和启示。

第一节主要介绍地上衡的分析，通过对地上衡的深入了解，读者将能够掌握称重设备的基本装配技术及其在实际应用中的要点。第二节探讨电子皮带秤的相关知识，通过对电子皮带秤的解析，读者将能够对现代电子设备装配技术有更深入的了解。第三节介绍加去盖系统的分析与讨论，通过这一节的学习，读者可以对掌握机械设备中辅助系统的装配技术及其维护要点有所了解。最后一节着重介绍夹抱合分机的分析，通过对夹抱合分机的详细解析，读者将能够深入了解特殊机械设备的装配技术与维护方法。

第一节　地上衡

地上衡也被称为地磅，是厂矿、商家等用于大宗货物计量的主要称重设备，它通常由承重台、称重传感器、信号处理与显示系统等组成。地上衡可以分为多种类型，如平台秤、悬挂秤和桥式秤等，每种类型适用于不同的测量需求和场景。同时地上衡是一种重要的质量测量设备，广泛应用于工业、商业和交通等领域，它的工作原理涉及多个系统的协同工作，包括承重台、称重传感器、信号处理与显示系统等。通过精确测量物体的质量，地上衡为企业的正常运营和决策提供了重要支持。

一、地上衡的工作原理与功能

（一）工作原理

地上衡通过一系列精密的机械和电气系统，实现对货物或车辆的快速、准确称重，地上衡的工作原理涉及多个系统的协同作用，每个系统都扮演着不可或缺的角色。

1. 工作系统的作用

传感器系统：传感器系统是地上衡的核心部分，它负责将货物或车辆的重力转换为电信号。传感器通常采用电阻应变式或压电式传感器，当感受到压力时，其电阻或电荷会发生变化，从而生成与重力成正比的电信号。

信号处理系统：信号处理系统负责接收传感器传来的电信号，并进行放大、滤波和线性化等处理。这样可以确保信号的稳定性和准确性，为后续的数据处理提供可靠的依据。

显示系统：显示系统通常由 LED 显示屏或液晶显示屏组成，用于实时显示称重结果。显示系统能够将经过处理的电信号转换为人类可读的数字或图形信息，方便操作人员读取和使用。

控制系统：控制系统是地上衡的"大脑"，它负责整个称重过程的协调和控制。控制系统可以接收来自信号处理系统的数据，并根据预设的程序进行数据处理、存储和传输等操作。同时，控制系统还可以对传感器和显示系统进行监控和校准，确保整个称重过程的准确性和可靠性。

电源系统：电源系统为地上衡提供稳定的电力供应。它通常采用交流电源或直流电源，通过适当的电源管理和保护措施，确保地上衡在各种环境下都能正常工作。

2. 工作运行

称重物体置于承重台上，在重力作用下，称重传感器弹性体产生形变，使粘贴于弹性体应梁上的电阻应变计桥路失去平衡，输出与质量数据成正比的毫伏（mV）级电压信号，该信号进入显示仪表，经放大、滤波、A/D（模/数）转变为数字信号，由微处理器对质量信号进行处理并直接在仪表上显示质量数据。

称重传感器系统：称重传感器是地上衡的核心部件，负责将物体的质量转换为电信号。当称重物体置于承重台上时，在重力的作用下，称重传感器的弹性体产生形变。这种形变会导致粘贴于弹性体应梁上的电阻应变计桥路失去平衡。电阻应变计是一种能将机械应变转换为电阻变化的敏感元件，它的桥路失去平衡后，会输出与质量数据成正比的毫伏（mV）级电压信号。

信号处理与显示系统：输出的毫伏（mV）级电压信号非常微弱，需要经过放大、滤波等处理才能进一步使用。这一任务由信号处理系统完成，它能够将原始的模拟信号转换为数字信号，为后续的数据处理提供稳定、可靠的输入。A/D（模/数）转换器在这一过程中起到关键作用，它将连续的模拟信号转换为离散的数字信号，便于微处理器进行进一步的处理。

（二）工作条件和环境条件

在现代工业与商业应用中，设备的工作条件和环境条件对其性能、稳定性和使用寿命有着至关重要的影响。

海拔高度：不超过2000m。这一限制主要是基于大气压力对设备性能的影响。随着海拔的升高，大气压力逐渐降低，可能会影响设备的正常工作。因此，将海拔高度限制在2000m以内，可以确保设备在正常工作范围内运行。

环境温度：0～40℃。这一温度范围是根据设备的材料、电子元件和机械结构所能承受的温度范围而设定的。过低的温度可能导致设备内部的润滑油凝固，影响机械部件的运转；而过高的温度则可能导致电子元件损坏或性能下降。因此，将环境温度控制在0～40℃，可以确保设备在各种气候条件下都能稳定工作。

相对湿度：不大于80%。湿度过高可能导致设备内部的电子元件受潮、短路或损坏，同时也可能导致机械部件生锈或腐蚀。因此，限制相对湿度在80%以下，可以有效延长设备的使用寿命并减少故障率。

电源：220V（－15%，＋10%），50Hz±1Hz。这一电源要求是基于设备的电气系统和电子元件对电压和频率的敏感性而设定的，电压过高或过低都可能导致设备无法正常工作或电气元件损坏；而频率的不稳定则可能影响设备的准确性和稳定性。因此，确保电源在规定的范围内波动，是确保设备正常运行的关键。

（三）地上衡的功能

地上衡，作为一种广泛应用于工业、商业和交通等领域的称重设备，其功能多样且重要。它不仅能够快速、准确地测量物体的质量，还能够提供数据记录、传输和分析等功能，为企业的生产、管理和决策提供有力支持。

称重功能：地上衡的核心功能是对物体进行称重。其工作原理基于称重传感器、信号处理与显示系统的协同作用，确保测量结果的准确性和可靠性。无论是工业生产中的原材料称重还是商业交易中的货物计量，甚至是交通领域的车辆载重检测，地上衡都能提供快速、准确的称重服务。

数据记录功能：随着科技的发展，现代地上衡通常配备有数据存储功能，可以记录每一次的称重数据。这不仅便于后续的数据分析和管理，也有助于追溯和核实交易数据。在需要长期追踪和记录质量数据的场景中，如库存管理、生产过程监控等，数据记录功能能够大大提高工作效率和准确性。

数据传输功能：现代地上衡通常支持与其他设备或系统的数据通信，如通过有线或无线方式将称重数据传输到计算机、移动设备或云端平台。这一功能使得称重数据可以实时共享和交换，便于多部门协同工作，同时也为远程监控和管理提供了可能。

数据分析功能：结合先进的软件和技术，地上衡可以对收集到的称重数据进行深入分析，如统计、对比、趋势预测等。这一功能对于企业的生产优化、成本控制、市场预测等方面具有重要意义，能够帮助企业做出更为科学和合理的决策。

安全管理功能：地上衡通常配备有超载报警、错误提示等安全功能，以确保称重过程的安全和稳定。在需要严格控制质量、防止超载或误操作的场景中，如交通领域的车辆称重、工业生产中的原材料计量等，安全管理功能能够有效降低风险和事故发生的可能性。

二、地上衡的结构与组成

（一）主要结构与组成

作为一种广泛应用于工业、商业和交通等领域的称重设备，地上衡的结构设计和组件构成对于确保其准确、高效的工作至关重要。地上衡的结构通常包括承载器、框架、称重传感器、连接件、接线盒、称重显示仪表等关键部分，每个部分都有其独特的功能和作用。

承载器：承载器是地上衡的主要工作平台，用于支撑待称重的物体。它通常采用坚固耐用的材料制成，能够承受重物的压力，并将压力传递给称重传感器。承载器是地上衡与物体之间的直接接触部分，其设计和制造质量直接影响称重的准确性和稳定性。

框架：框架是地上衡的支撑结构，用于固定和支撑承载器、称重传感器等其他组件。它通常采用坚固的钢材或铝合金材料制成，具有足够的强度和稳定性。框架为地上衡提供了稳固的基础，确保称重过程中的稳定性和准确性。

称重传感器：称重传感器是地上衡的核心部件，用于将承载器上物体的质量转换为电信号。它通常由弹性体、电阻应变计等敏感元件组成，能够测量微小的形变并转换为相应的电信号。称重传感器是地上衡实现称重功能的关键，其准确性和灵敏度直接决定了地上衡的称重性能。

连接件：连接件用于连接框架、承载器和称重传感器等各个部件，确保它们之间的稳固连接和协同工作。连接件通常采用高强度材料制成，并经过精密加工和装配，以确保其可靠性和稳定性。连接件在地上衡中起到桥梁和纽带的作用，确保各个部件之间的协同工作和平稳运行。

接线盒：接线盒是地上衡的电气连接中心，用于将称重传感器等部件的信号线汇集并进行连接。它通常具有防水、防尘、防腐蚀等功能，以确保电气连接的安全可靠。接线盒在地上衡中起到电气连接和保护的作用，确保信号的准确传输和设备的正常运行。

称重显示仪表：称重显示仪表用于显示称重结果和其他相关信息，如日期、时间、序号等。它通常采用液晶显示屏或数码管等显示方式，具有直观、易读的特点。称重显示仪表是地上衡与用户之间的交互界面，用户可以通过它获取称重结果和其他相关信息，从而进行决策和操作。

（二）电子地上衡的结构与组成

随着现代科技的快速发展，作为先进的称重设备，电子地上衡在工业、商业和交通等领域中得到了广泛应用。电子地上衡主要由传感器、显示仪表、秤台等组成。称重数据可通过 ProfiBus-DP 网卡等方式传送给上位机，以利于进行统计和报表。

传感器：作为电子地上衡的核心部件，传感器负责将质量信号转化为电信号。这种转化使得设备能够准确捕捉物体的质量信息，为后续的数据处理提供了可靠的基础。传感器技术的快速发展为电子地上衡提供了高精度、高稳定性的测量能力。通过精确的传感器技术，电子地上衡能够实现对物体质量的快速、准确测量。

显示仪表：显示仪表是电子地上衡与用户之间的交互界面，用于显示质量、价格、单价、总额等信息。通过直观的显示，用户可以清晰地了解称重结果和相关数据。现代显示技术的进步为电子地上衡提供了多样化的显示方式，如液晶显示屏、数码管等。这些显示方式不仅提供了清晰的显示效果，还使得用户能够根据不同的需求进行定制化的显示设置。

秤台：秤台是电子地上衡的承重部分，由两块槽形金属对扣组成，内面安装电子压力传感器。这种结构设计使得秤台既具有足够的强度，又能够实现对物体质量的精确测量。秤台的设计需要考虑到承重能力、稳定性以及传感器的安装等因素。通过合理的结构设计，秤台能够承受各种不同类型的物体，并确保测量的准确性和稳定性。

三、地上衡的安装与调试

（一）安装

1. 安装要求

地上衡作为工业和商业领域中重要的称重设备，其安装质量直接关系到设备的使用寿命、测量精度以及使用安全性。因此，在安装地上衡时，必须遵循一系列严格的要求和标准，确保设备的正常运行和长期稳定性。下文将详细阐述地上衡的安装要求，以期为安装人员提供明确的指导和参考。

基础准备：地上衡需要安装在坚实、平坦、无沉降和无变形的基础上。基础材料通常采用混凝土，其强度、厚度和尺寸应根据地上衡的规格和承载要求来确定。坚实、平坦的基础能够保证地上衡的稳定性和测量精度。如果基础不牢固，会导致地上衡在使用过程中出现晃动或沉降，从而影响称重结果的准确性。

水平调整：安装完毕后，必须对地上衡进行水平调整，确保各支撑点受力均匀，避免因为倾斜导致的测量误差。水平调整是确保地上衡测量精度的重要环节。如果地上衡安装不水平，会导致传感器受力不均，进而产生测量误差。

传感器安装：传感器是地上衡的核心部件，其安装位置和固定方式应符合制造商的要求。传感器与秤台之间应有良好的接触，确保质量信号能够准确传递。传感器的安装质量直接影响地上衡的测量精度和使用寿命。正确的安装位置和固定方式能够确保传感器正常工作，避免因为安装不当导致的故障或损坏。

电气连接：地上衡的电气连接应遵循相关安全标准和规范，确保电线、电缆的走向合理、固定牢靠，避免因为拉扯或挤压导致的电气故障。电气连接是地上衡正常运行的基础。合理的电线、电缆布局和固定方式能够确保电气系统的稳定性和安全性，避免因为电气故障导致的设备停机或损坏。

防护措施：地上衡应安装在干燥、通风、无腐蚀性气体的环境中，并应设置相应的防护措施，如防雨罩、防尘罩等，以保护设备免受恶劣环境的影响。防护措施能够延长地上衡的使用寿命，避免因为恶劣环境导致的设备损坏或性能下降。例如，防雨罩和防尘罩能够有效防止雨水和灰尘进入设备内部，保护传感器和其他电气元件的正常工作。

定期维护：安装完成后，应定期对地上衡进行维护和保养，包括清洁、紧固螺丝、检查传感器和电气连接等，确保设备的正常运行和测量精度。定期维护是确保地上衡长期稳定运行的关键。通过定期检查和保养，能够及时发现和解决潜在问题，避免因为设备故障导致的生产中断或测量误差。

2. 安装方法

先将秤台吊运到工作场地，放在所需位置；秤台就位后，拆除包装连接板，通过每个角上可调整高度的脚垫调整称重台面。检查承重台是否灵活，调节限位螺钉，保证限位间隙；称重仪表支架的安装应根据现场情况，尽量使其与所配输送机靠近，易于电缆的排布及信号的传送，有利于观察和调整。

（二）参数设置及调试

1. 通电前的准备与检查

在进行通电调试之前，必须对现场布线进行全面细致的检查。这包括对原有的控制线、新铺设的信号线及其接线端子的检查。确保所有线路连接正确、紧固，且无短路、断路等潜在问题。只有在确认无误后，方可进行通电试机。

2. 参数设定

进入参数设置菜单：根据称重仪表的技术/操作手册中的相关章节，按照步骤进入参数设置菜单，设置参数值。

校正单位：设置为"kg"，确保称重仪表的计量单位与实际需求一致。

最大称量：根据设备铭牌上的最大称量值进行设置，这一参数定义了设备能够称量的最大质量。

分度值：根据设备铭牌上的分度值进行设置，分度值决定了称重的精度和显示的最小单位。

其他参数：对于仪表的其他参数，通常可以设置为默认值，除非有特定的需求或现场条件需要进行调整。

3. 秤的校正

在完成参数设置后，必须对秤进行校正，以确保其准确性和可靠性。校正方法和步骤应详细阅读称重仪表技术/操作手册中的相关章节，并按照步骤进行操作。校正过程中，可能需要使用标准砝码或其他工具来验证秤的准确性和线性。

4. 调试与测试

在完成参数设置和秤的校正后，应进行全面的调试和测试。这包括在不同载荷下进行多次称重测试，以验证秤的准确性和稳定性。同时，还应测试设备的各项功能，如打印、数据传输等，确保它们正常工作。

5. 注意事项

在进行参数设置和调试过程中，务必遵循制造商提供的技术/操作手册中的指示和建议。对于不熟悉称重设备和相关技术的操作人员，建议在专业人员的指导下进行操作。在进行通电调试前，务必确保所有安全措施已到位，如断开与电源相关的其他设备、使用绝缘工具等。如在调试过程中遇到问题或故障，应及时记录并寻求专业人员的帮助。通过以上步骤和注意事项，可以确保地上衡的参数设置和调试过程顺利进行，从而确保设备的准确性和可靠性。

四、地上衡的维护与保养

地上衡作为一种高精度、高稳定性的称重设备，在工业和商业领域中发挥着至关重要的作用。为了确保地上衡的长期稳定运行和测量精度，对其进行定期的维护与保养是必不可少的。

（一）防护与环境控制

避免恶劣环境：根据使用说明，电子地上衡应避免风雨侵蚀，不宜在强腐蚀性气体或高温环境中长期工作。如果必须在这些恶劣环境中使用，必须进行特殊设计和制造，以适应这些环境条件。

防护设施：对于安装在户外或环境较差的地方的地上衡，应设置防雨罩、防尘罩等防护措施，以保护设备免受恶劣环境的影响。

温度控制：地上衡应在适当的温度范围内工作，避免过高或过低的温度对设备造成影响。

（二）秤台的维护与保养

保持灵活：秤台必须保持灵活，不能有异物卡滞。定期清理秤台表面，确保没有杂物或污垢影响其工作性能。

限位螺钉检查：经常检查各限位螺钉的限位间隙是否合理，以确保秤台在称量过程中的稳定性和准确性。

维修注意事项：在维修设备时，应将限位螺栓拧到位，也即 $\Delta L=0$，以确保秤台的正常工作。

（三）称重限制

不超过最大称重：进行称量的重物不应超过衡器的最大称重。超载可能导致设备损坏或测量误差。

避免冲击：在放置重物时，应避免对地上衡产生过大的冲击力，以免影响其精度和稳定性。

（四）定期检测与校验

定期检测：定期对地上衡进行检测，以确保其工作正常、测量准确。检测内容包括传感器、显示仪表等关键部件的性能和状态。

校验与校准：根据使用频率和精度要求，定期对地上衡进行校验与校准。可以使用标准砝码或其他校准设备来验证设备的准确性和线性。

（五）电气系统的维护

接地保护：称重显示仪应有良好的独立接地线，接地电阻小于 4Ω，以确保电气系统的安全性和稳定性。

电源管理：下班停机时，必须切断电源，以延长设备的使用寿命并避免电气故障。

电缆保护：定期检查电缆和电气连接线的状态，确保其没有损坏或老化。如有需要，应及时更换。

（六）其他注意事项

避免振动：地上衡应安装在振动较小的地方，以减少外界振动对其工作性能的影响。

培训与使用：定期对操作人员进行培训，确保他们熟悉地上衡的使用方法和维护要求，避免因为误操作导致的设备损坏或测量误差。

第二节　电子皮带秤

电子皮带秤是指无须对质量细分或者中断输送带的运动，而对输送带上的散装物料进行连续称量的自动衡器。在实际应用中，电子皮带秤的称重桥架安装于输送机架上，当物料经过时，计量托辊检测到皮带机上的物料质量通过杠杆作用于称重传感器，产生一个正比于皮带载荷的电压信号。电子皮带秤具有体积小、结构简单、惯性小、反应速度快、称量精度高、工作可靠、维修方便以及使用寿命长等优点。它广泛应用于矿山、冶金、电力、化工、建材、轻工等各个工业部分，并能实现远距离输送质量信息以进行遥控和自动控制。

一、电子皮带秤的工作原理与功能

（一）工作原理

控制柜中 PC 装置在接受由称重传感器来的质量信号和测速机构的速度信号后，通过 CPU 模块运算，得出物料的瞬时流量、累计质量及电机控制等信号，从而完成电子秤的自动称重和控制等功能（图 4-2-1）。

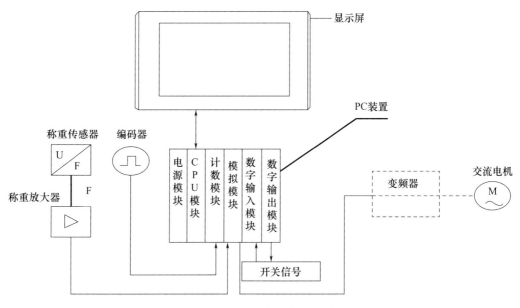

图 4-2-1 电子秤系统原理图

1. 计量工作原理

当物料通过皮带秤输送机计量段时，这一区段上的物料质量对称重托辊产生压力，称重托辊将这个力作用到负荷传感器上，此时传感器输出 0～24mV 正比于物料质量的电压信号，该信号经放大成 0～10V 电压后送入输入模块，经 A/D 转换后再输送到 CPU 模块进行运算。同时随着输送机的不断运转，装于驱动电机上的光电脉冲编码器发出脉冲，每一个脉冲代表皮带走过的距离。每当皮带走过一个固定的距离 ΔL，PC 装置完成一次质量、速度采样工作。当物料通过皮带秤后，PC 装置已采样多次，PC 将各次采样值按下式累计即可得到累计质量 W：

$$W = \sum_{i=1}^{n} \frac{P_i}{L} \times \Delta L$$

式中　i——采样脉冲；

　　P_i——计量段上物料质量；

　　L——计量段长；

　　ΔL——采样间隔距离；

从式中可以看出，P/L 即为每米皮带上物料的质量，n 为皮带走过 ΔL 的段数，$P/L \times \Delta L$ 即为走过 ΔL 长度的质量，对 n 段质量求和即得累计质量 W。

电子秤皮带速度 V 可由下式求得：

$$V = \frac{\Delta L}{T} \ (\text{m/s})$$

式中　T——走过 ΔL 长度所需的时间，s；

　　ΔL——采样间隔，m。

2. 调零工作原理

（1）平均值调零

平均值调零是将空载状态下皮带一周的平均质量值储存起来，此后在电子秤使用过程中，PC装置将瞬时采样到的毛重减去平均皮重，得到瞬时物料净重。

（2）绝对值调零

绝对值调零是对称重带逐段调零，皮带被分为多个测量单元，在实际调零过程中，各单元都有一个调零值，在使用过程中，各单元的测量值将减去各自的调零值，得到瞬时物料净重。

3.传感器增益校准工作原理

传感器增益校准用于对四个传感器在零位及灵敏度不一致时，对各传感器分别取出其各自的增益值，即放大比例。使相同的质量压在每一个传感器上时，质量都一样。有利于消除由于传感器性能不一致时而引起的偏载。

通过校准各称重传感器至PLC的过程中系统对校准砝码质量的检测结果，实现对质量通道的校准。校准砝码的质量（调试参数表中的传感器增益校准砝码）已预先置入PC装置的CPU内存。进行传感器增益校准时，PLC按该校准砝码对四个传感器进行校准，若检测结果与实际质量不一致，则系统将各传感器对应的质量修正系数——传感器增益自动变小，反之则变大，以使质量检测值与标准砝码质量相等。该系数修正工作由PLC装置自动完成。

4.皮带跑偏报警工作原理

当皮带跑偏时，由接近开关检测皮带上左、右偏离信号，送入PC装置，经判断处理后发出控制信号给校偏机构使皮带自动恢复至中间位置，若长期校偏仍不能使皮带恢复到中间位置，则发出带偏信号，提醒操作人员及时排除故障以校正皮带跑偏。

（二）工作条件和环境条件

1.工作条件

（1）工艺要求

流量范围：电子皮带秤应在其设计的流量范围内使用。超出此范围可能导致测量不准确，甚至设备损坏。为了获得准确的测量结果，物料流量应保持相对稳定。频繁的流量变化可能会影响秤的精度。

物料特性：物料在皮带上的分布应尽可能均匀，以避免因物料堆积或稀疏导致的测量误差。对于黏性物料，需要特别注意皮带清洁，以防止物料残留影响后续测量。某些物料可能受湿度和温度影响，导致质量变化。因此，应确保在稳定的环境条件下进行测量。

皮带状态：皮带应保持适当的张力，以确保其平稳运行并减少测量误差。皮带表面应保持清洁，无残留物料，以确保测量准确。

设备校准和维护：为了确保测量准确性，电子皮带秤应定期进行校准。设备应定期进行清洁和检查，以确保其处于良好工作状态。

（2）环境条件

环境温度：0～400℃。

相对湿度：不大于80%。

海拔高度：不高于2000m。

电源：3/N～50Hz/TN-S，380V（−15%，＋10%），220V（−15%，＋10%），50Hz±1Hz。

（三）电子皮带秤功能

电子秤为计量设备，严禁踩踏。否则会造成人员、设备及相关器件的伤害和损坏。应按照正确的操作步骤维护和运行电子皮带秤，未经授权，不能任意改造、更换或修改设备。电子皮带秤是一种广泛应用于工业领域的计量设备，具有多种功能，以下是对其功能的详细阐述。

1. 精准称重计量

电子皮带秤能够实现对输送带上的散装物料进行连续称量的动态计量。通过其内部的称重传感器和速度传感器，可以精确测量物料质量，计算物料数量和速度等参数。这种功能使得企业能够及时掌握物料的使用情况和生产状况，为生产管理提供重要依据。

2. 自动化称重控制

电子皮带秤具有自动化称重和计量控制的功能，可以减少人工操作，降低物料运输时间和成本投入，并避免人工误差，从而提高生产效率和产品质量。这种功能还能保证生产过程的稳定性和连续性，减少物料浪费，降低生产成本。

3. 在线监测与数据分析

电子皮带秤还具有在线监测和数据分析功能。在生产过程中，它可以实时监测物料质量和计量参数，并通过数据分析和处理，实现生产过程自动化控制和优化。这种功能可以帮助企业降低生产成本和废品率，优化生产流程，提高产品质量和效率。

4. 防爆与远程控制功能

在某些特殊应用场景中，如矿用环境，电子皮带秤还具有防爆功能，以确保设备在恶劣环境下的安全运行。此外，通过远程控制功能，可以在地面控制室直接对井下皮带秤进行管理操作，无须到井下使用地点，提高了操作的便捷性和安全性。

5. 数据查询与远程网络浏览

电子皮带秤还具有数据查询功能，包括班累计量、日累积量、月累积量、总累积量等，方便用户对生产数据进行追溯和分析。同时，通过远程网络浏览功能，企业领导可以在办公室远程浏览生产状况，实现遥控指挥，提高生产管理的效率和灵活性。

二、电子皮带秤的结构与组成

（一）主要结构

电子皮带秤由 PLC 控制柜、电子皮带秤输送机两个部分组成（图 4-2-2）。

1. PLC 控制柜

控制柜为 1 个单开门柜体或箱体，柜内包括以下主要器件：可编程控制器；操作员终端；现场总线：根据不同的控制器可配置不同的网络功能；变频器（箱式控制柜变频器为外挂）。

2. 电子皮带秤输送机

电子皮带秤输送机主要由机架、皮带张紧装置、输送带、输送装置、自动纠偏装置、可调支撑组合、过渡托辊、称重装置、手动纠偏装置、支架、驱动及测速装置、皮带清扫装置等组成（图 4-2-3）。

机架：机架由热轧普通方钢管焊接而成，是其他各装置的支撑体。

皮带张紧装置：皮带张紧装置主要由托架、重锤、配重块等组成（图 4-2-4）。

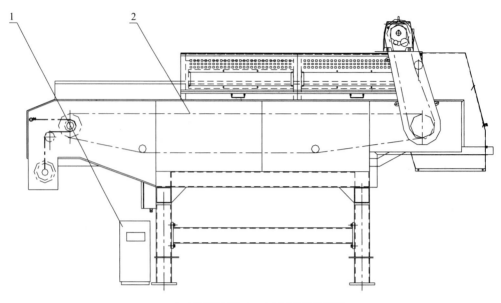

1—PLC控制柜; 2—电子皮带秤输送机

图 4-2-2 电子皮带秤外形图

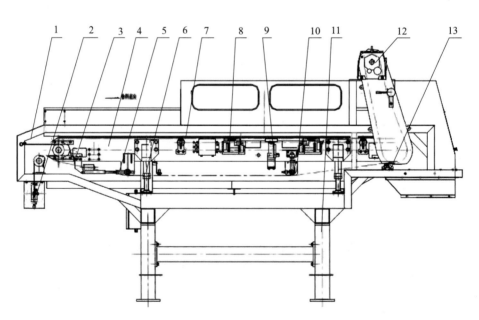

1—机架;2—皮带张紧装置;3—输送带;4—输送装置;5—自动纠偏装置;6—可调支撑组合;7—过渡托辊;
8—称重装置;9—自动纠编装置;10—手动纠偏装置;11—支架;12—驱动及测速装置;13—皮带清扫装置

图 4-2-3 电子皮带秤输送机外形结构简图

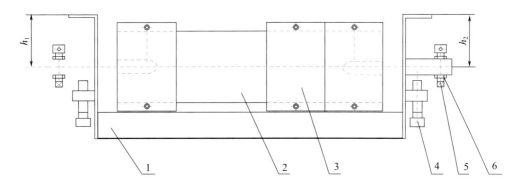

1—托架;2—重锤;3—配重块;4—顶紧螺栓;5—调节螺栓;6—锁紧螺母

图 4-2-4　皮带张紧装置

输送带：输送带是物料的承载体，为聚氨酯材料的进口环形带，具有较高的强度，带厚均匀性好，能够满足电子皮带秤抗静电的特殊使用要求。在输送带接头处的两侧带厚中间分别粘夹着一片 1080mm 的金属片，用于皮带跑偏信号检测。

输送装置：输送装置主要由左右侧板、横撑、主从动辊、张紧托辊组成。

自动纠偏装置：自动纠偏装置主要由电动推杆、调偏托辊等组成（图 4-2-5）。

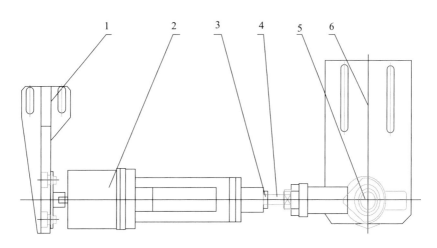

1—固定座;2—电动推杆;3—锁紧螺母;4—调节螺杆;5—调偏托辊;6—托板

图 4-2-5　自动纠偏装置

称重装置：称重装置主要由两根称重托辊、四个称重传感器、四组可调支撑座等组成（图 4-2-6）。

传感器增益校准砝码：传感器增益校准用于对四个传感器在零位及灵敏度不一致时，对各传感器分别取出其各自的增益值，即放大比例。使相同的质量压在每一个传感器上时，质量都一样。有利于消除由于传感器性能不一致而引起的偏载。

支架：支架由普通槽钢焊接而成，它的主要作用是支承机架，并保证其进料和出料高度满足前后设备的接口高度要求。

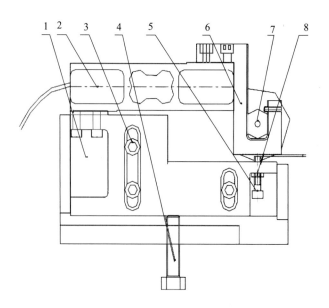

1—可调支撑座;2—称重传感器;3—紧固螺钉;4—调节螺钉;5—限位螺钉;
6—托辊托板;7—称重托辊;8—锁紧螺母

图 4-2-6　称重装置

驱动及测速装置：驱动及测速装置主要由交流电机＋减速机＋编码器组成，减速电机选用 SEW 产品，具有噪声低、效率高、不漏油、寿命长等特点，它是输送机的动力源。编码器装在电动机风叶的后部，选用增量型编码器，转动时发出脉冲信号，主要用于检测输送带的速度。

皮带清扫装置：皮带清扫装置主要由两块毛刷板和固定座等组成（图 4-2-7）。

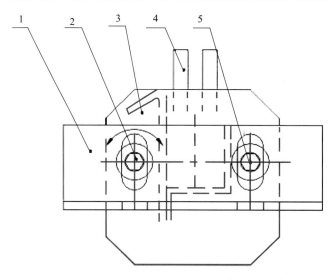

1—固定座;2—紧固螺钉及转轴;3—毛刷板固定座;4—毛刷板;5—紧固螺钉

图 4-2-7　皮带清扫装置

三、电子皮带秤的安装与调试

(一) 机械部分的安装

安装地基应平整牢固，保证在设备就位打上地脚螺钉后，能够平稳、无歪斜和扭曲。

1. 安装前的检查

电子皮带秤在安装前需检查下列项目：包装箱内设备与装箱单是否相符，随机备件是否齐全，若发现有差异或损坏，应及时查明原因，并把情况向设备制造厂说明；检查各连接处紧固件是否有松动现象，清除各部位油污；拆下固定在包装箱内的重锤及校准砝码等，并放置好。

2. 输送机安装

拆下输送机包装支架，换上随机支架，将输送机就位后调整好本机与前后工位设备的接口位置及接口尺寸；将输送机支架的四脚垫实，尽量使输送机处于水平状态；上述工作完成后，用 M12 胀锚螺栓将输送机与地面固紧，合理排布机械与电器之间的电缆、电源及信号控制线。

(二) 电气部分的安装

1. 控制柜的安装

PLC 控制柜的安装应根据安装场地的情况，尽量使其与所配的输送机靠近，易于电缆的排布及信号的传送，有利于观察和调整并且操作方便；注意安装场地应干燥通风和清洁；PLC 控制柜应就近接地，其接地电阻应小于 4Ω，严禁用动力线的中线代替接地线。

2. 安装时的注意事项

控制柜与全线工艺电控柜间及输送机间电缆按外联图要求选用，动力线、控制线、信号线应分开敷设；屏蔽线按规定位置接 PE；线径要按电路图册外联图的要求配用。

(三) 调试

1. 启动之前的检查及注意事项

(1) 通电试机前必须查看输送机电机及各传动轴是否与其他对象相接触，输送带上是否有其他物品，如果有必须清除。

(2) 检查链条的松紧程度是否合适以及是否与链罩相碰；检查输送带是否在主从动辊的中间位置。

(3) 检查各紧固件是否有松动；通电试机前，必须对现场的布线，包括控制线和新敷设的信号线及其接线端子仔细检查，核对确实无误之后，才能通电试机。

(4) 接通电源，可编程控制器工作，控制仪表显示主屏幕画面。

(5) 电机起动后，检查电机运转是否正常。

(6) 传感器限位螺钉是否完全松开；输送机运转是否平稳，有无异常声响，如有以上情况，请予排除。

2. 输送机的调整请按以下顺序进行

主动轮的调整：先松开两端轴承上的顶丝，调整主动轮使主动轮两端面到左右侧板的距离 $L_1 = L_2$，再拧紧顶丝即可（图 4-2-8）。

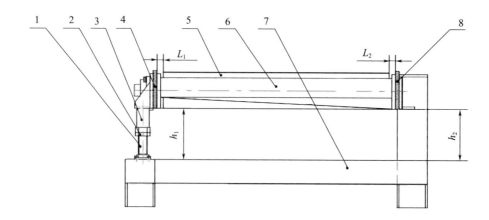

1—固定支撑座;2—锁紧螺母;3—可调支撑座;4—左侧板;5—主动轮;6—横撑;7—架机;8—右侧板

图 4-2-8　输送机主动轮、可调支撑座、架机相互关系简图

皮带张紧装置的调整：把输送带调整到主从动轮的中间位置，将张紧绳上螺杆穿入重锤的销轴孔里，调整锁紧螺母使重锤两端的挂轴均处在托架导槽的中间位置且保证 $h_1 = h_2$ 后拧紧螺母（图 4-2-4）；将配重块的连接螺钉松动后先移到重锤中部，待皮带运行后看皮带是否跑偏，如果皮带跑偏则移动配重块来控制皮带跑偏，当皮带跑稳后拧紧配重块的连接螺钉（图 4-2-4）。

称重装置的调整：称重装置在出厂前已调好，在整机安装好后松开称重装置上的限位螺钉即可使用。如在运输中发生零部件松动或更换负荷传感器，称重装置调整按以下顺序进行：

（1）如图 4-2-9 所示用拉线法找平托辊：以过渡托辊为基准拉线，松开如图 4-2-6 所示的紧固螺钉，旋转调节螺钉使称重托辊向下移动，离开所拉的线后再慢慢向上调使称重托辊的上母线接触到线为止，拧紧紧固螺钉。

（2）在机械上已调整好各称重托辊的水平度时，用万用表测量四个传感器的输出，要求差值≤0.05mV，如达不到要求则必须进行传感器增益的校准。

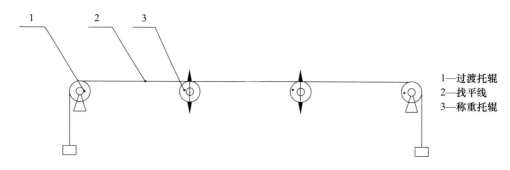

1—过渡托辊
2—找平线
3—称重托辊

图 4-2-9　托辊找平示意图

（3）如须更换传感器只需将图 4-2-6 所示的限位螺钉向上调整至间隙为零。松开传感器的紧固螺钉和托辊托板的紧固螺钉便可更换传感器。安装传感器时应注意其受力方向。其受力方向应跟传感器上刻有的箭头方向一致，否则将会损坏传感器。

（4）传感器更换完成后装上称重托辊并按（1）、（2）所述及要求调整好后松开限位螺钉便可使用。

皮带跑偏的调整：在电子皮带秤运行的初始阶段应先用手动调偏的方法将皮带调稳，然后再用自动纠偏装置稳住皮带以保证电子皮带秤的正常运行。具体方法是将调偏电动推杆推出 30mm 并使调偏托辊垂直于机身及调偏托辊位于托板的中间位置，如图 4-2-5 所示。拔掉调偏电动推杆插头，开机运行。如皮带跑偏则调整输送机前端的手动调偏机构或移动张紧重锤上的配重块使皮带稳住（30～60min 不跑偏）。待皮带稳住后再插上调偏电动推杆插头启用自动纠偏装置。

皮带跑偏检测装置的调整：调整接近开关固定板螺钉，使接近开关探头与输送带面距离为 2～4mm 即可（图 4-2-10）；调整活动支架，使左、右接近开关同时接收到皮带金属片给出的信号，注意同时接收到信号的时间间隔不要太大。

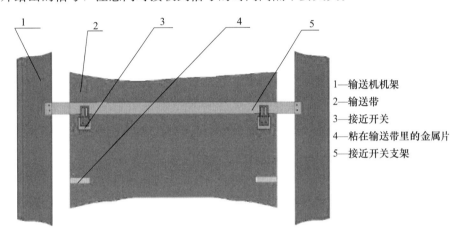

1—输送机机架
2—输送带
3—接近开关
4—粘在输送带里的金属片
5—接近开关支架

图 4-2-10　皮带调偏检测装置

皮带清扫装置的调整：如皮带清扫装置的毛刷板需要清理或更换时只需将图 4-2-7 所示的紧固螺钉 5 松掉，紧固螺钉及转轴 2 松开，毛刷板固定座 3 便可转动，转到方便的角度时便可取下毛刷板进行清理或更换。

3. 电器部分调试

多秤台联合监控功能：每次上电时，显示屏画面自动进入主屏显示。在显示屏左上角的状态显示中提示当前使用的秤台号，一般情况下使用 3 号秤台，3 号秤台为使用两组称重托辊进行称重。

如图 4-2-11 所示，要实现多秤台联合监控功能，每个传感器的位置必须定位，与其相对应的质量变送器也须一一对应，进料口方向的两个传感器 SP1.1 和 SP1.2 组成秤台 1，出料口方向的两个传感器 SP1.3 和 SP1.4 组成秤台 2，秤台 1 和秤台 2 合起来共同组成秤台 3。秤台 3 为常规缺省秤台，也即通用秤台。物料进来先经过秤台 1，再经过秤台 2。物料经过电子皮带秤，3 个秤台会分别对其进行称重并累计。

物料经过秤台 1 的传感器 SP1.1 和 SP1.2 上质量信号延时处理后，分别对应与秤台 2 上同一位置的传感器 SP1.4 和 SP1.3 进行比较。同时，同一秤台上的两个传感器 SP1.1 和 SP1.2（秤台 2 的 SP1.4 和 SP1.3）也在时时进行比较，若质量信号超过水平超差报警值或质量信号超过垂直超差报警值，则会产生报警。报告提示是哪一只传感器有问题，哪一个秤台有问题。若秤台选择方式为自动，则在报警的同时自动切换到没有问题的秤台上。质量信号无异常时，一般在秤台 3 上，使用两组称重托辊进行称重。

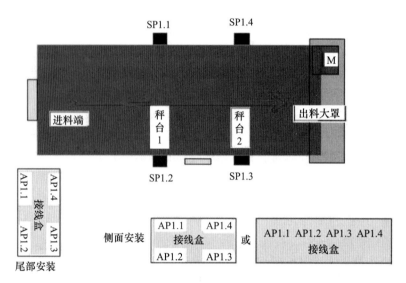

图 4-2-11　多秤台联合监控

如要操作其他功能，可进入功能选择屏，如图 4-2-12 所示。

参数设定：电子皮带秤出厂时都随机附带一张该电子皮带秤的调试参数表，记录该台电子皮带秤的各项参数。参数内容见附录中相应参数表。（参数表以随机提供的参数表格为准）。在功能选择屏，按下"内部参数"键，进入口令屏，此时按下口令设置区域，键盘自动弹出，输入口令后按下"确定"键，当口令正确时画面自动进入内参设定屏，若口令错误则画面保持在口令屏或提示口令错误。

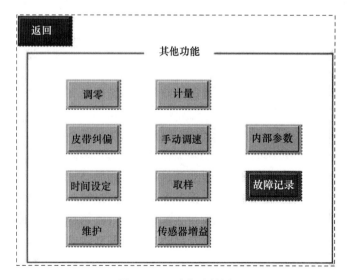

图 4-2-12　功能选择屏

注意：在口令屏按"确定"键时，请保持一定的按下时间。在内参设定屏，按翻页键到下一屏幕，按下需修改的参数，即可修改参数。在内部参数屏中，有黄色底色的数据都是可直接输入的。

皮重校准：皮重校准即为调零。调零方式有"绝对值调零"和"平均值调零"两种方式，用调零模式这个参数进行选择；接通电源，按下主屏幕上的"运行"键使电子秤运行10～30min，工作稳定后即可进行皮重校准；在功能选择屏中，按下"调零"键进入调零屏，在调零屏单击"执行"键，皮重校准即自动开始。

4. 传感器增益校准

此操作仅在更换传感器或初次安装时执行，在维护保养时不允许使用此功能。

在空秤停止情况下，按下功能选择屏上的"传感器增益"键，进入校准屏；确认皮带上没有物料，按下"执行"键，此时PLC取出各传感器的空秤值，在四个传感器上手动加挂传感器增益校准码（共有4个等重的挂码，一只传感器上挂一个），依次按下"传感器1挂码确认""传感器2挂码确认""传感器3挂码确认""传感器4挂码确认"键，PLC进入校准过程。自动取出各传感器的放大比例即传感器增益系数。校准结束后，取下传感器上的挂码。内参中的传感器增益校准码为4个挂码的总重。

注意：若挂码只有一个时（例，1kg），可将内参中的传感器增益校准码置为1kg，然后按显示屏上所示意的传感器位置1，在SP1.1上挂好码，再在屏上按"传感器1挂码确认"，取出传感器1的增益系数S1。将挂码挂在位置2上，再在屏上按"传感器2挂码确认"，取出传感器2的增益系数S2，依此类推取出S3、S4。

5. 动态累计误差的校准即计量

在手动调速、校偏屏中将"运行模式"选择为"自动"。每次上电时，复位到自动调速方式；电子皮带秤在实际运行30min后，进行皮重校准后即可进入动态累计误差的校准；用模拟物料（如若干砝码或沙袋等）作为被测试物料；在功能选择屏中单击"计量"键，将显示计量屏；单击计量屏中"起动"键，将模拟物料均匀地摆放在皮带上，调节摆放疏密程度，使称量段上质量基本与额定质量相近。待输送物料完成后，记录该次实际物料值和累计质量显示值，共测试三次。动态累计误差 δ_d 按下式计算：

$$\delta_d = \frac{C-P}{P} \times 100\%$$

式中　C——累计显示值；

　　　P——对应该次的实际物料。

其动态累计误差应不大于0.5%，若达不到此指标，可用人为校秤方法进行调整，按下屏幕中的"是"键，显示累计误差修正屏。

输入物料的实际质量，确认无误后，按下"确定"键，程序计算后，自动更改参数为校秤系数值，然后按下"返回"键回到计量画面，并重新测试动态累计误差。若不想进行系数修正，请按"返回"键。

计量起动时，三个秤台都会同时进行计量累计，不需单独进行过码。从计量附屏可查看各计量累计并进行修正，各秤台的误差是分别进行修正的；当输入理论累计质量值时，任何一台修正后，都会将此值进行复零，要修正下一个秤台，需重新置入此值，方能进行修正。在显示屏上有明确的提示。

6. 瞬时流量显示值校准

配比秤也可通过参数把秤型改为控制秤，然后通过校准码来校准瞬时流量。在主屏幕上设定一个内部设定流量，到校秤屏中手动放下校准码代替物料，返回主屏幕，按下主屏幕上"运行"键使皮带运行，瞬时流量自动跟踪到设定流量后，测试一定时间间隔内的理论累计质量值 M_0 与显示累计值 M_n 是否一致。若不一致，则进入内参设定屏，修改流量校正系数。重复上述测试，直至达到要求。若不想进行调整，请按"返回"键，即不进行修正。瞬时流量校准结束后，到校秤屏中手动抬起校准砝码。

若在生产过程中做流量校准，则需测试条件为正常生产、供料均匀、不断料。多秤台时，瞬时流量、物料质量只显示当前所用秤台的状态值。运行起动时，三个秤台都会同时进行物料累计，不需单独进行过码，修正时分别进行修正：当输入理论累计质量值时，任何一台修正后，都会将此值进行复零，要修正下一个秤台，需重新置入此值，方能进行修正。在生产过程中，用户可进入取样功能，查看电子秤的控制精度是否达到要求，当按下"取样"键时，在设定时间间隔内会自动取出电子秤的累计值，供用户查看。

7. 皮带速度校准

在手动调速、校偏屏上把运行模式"手动/自动"旋钮打至"手动"位置，调节▲或▼键使电机达到某速度。用秒表测试皮带走一圈所需的时间，计算皮带实际速度应与显示面板"V"运行参数显示的速度值大致相符。否则应检查调试参数中的参数是否符合实际值。参数正确的前提下，如果显示速度与计算的皮带速度不一致则更换编码器。

8. 物料质量下限报警值的设定

在内部参数中，用户可以根据在线生产的实际需要设定质量下限参数值。当实际物料质量低于设定值时，能发出超下限开关量信号。该信号使控制面板上"下限"信号显示，同时通过控制箱对外接线端子与外围设备相接，实现联锁控制功能，物料质量低于下限值时，电子秤以恒速运行。

9. 物料质量上限报警值的设定

为了监视生产过程中秤架上实际物料质量是否超载，可人为设置参数质量上限值。当称重传感器上实际荷重超出设定值时，控制面板上方的"质量上限"信号将显示。

10. 物料瞬时流量模拟输出信号的检查

当电子秤处于"运行"状态，放下校准砝码，流量输出百分比设定在 100% 值上。若 Qn 为额定流量，这时用万用表测量对外接线端子上瞬时流量输出模拟电压应为 10V 时电流为 20mA。在联动无总线方式下，若瞬时流量输出电压到达上层电控柜时有损耗，可调整流量输出百分比值，来弥补电路上的损耗。

11. 与集控室信号交换方法

联动时：集控室 PC 发一集控开关信号，决定电子秤流量设置禁止或允许；当设定流量允许时，集控室 PC 送一模拟信号作为该秤流量设定值。电子秤向集控室 PC 发累计质量脉冲（1kg/脉冲或 10kg/脉冲），并同时送一模拟瞬时流量信号给集控室 PC。集控室也可发一开关信号将电子秤的累计值清零。

四、电子皮带秤的维护与保养

(一) 日常保养

1. 每天生产前调零一次。

2. 每天生产前检查电子秤是否处于联动控制模式，自动运行模式。

3. 每天将电子秤的积灰吹扫干净。

(二) 定期维护保养

1. 设备检修时为了人身安全应切断电控柜电源后，方可进行作业。

2. 定期清除控制箱内灰尘，清洁过滤器。

3. 定期清洁卫生，清除毛刷上的积灰、滚筒上的黏积物。防止皮带受潮，避免在清洁过程中将水或泥浆黏附在皮带或滚筒上。

4. 电子秤皮带输送机应派专门人员负责维护保养工作。定期检查皮带跑偏状态，调整跑偏机构，防止皮带擦边损坏皮带。非指派人员不得随意进行跑偏校正工作。设备在运行一段时期后（一般 3～6 个月）应对设备进行检查，对设备上的轴承及减速器各传动部分进行加油润滑。设备在运行 24 个月后，应对设备上的易损件进行更换，以保证设备的正常使用和运行良好。设备如果长期停放，应对各传动部分的轴承进行油封，对整个设备加以覆盖并保证通风，空气流畅，防止设备发生锈蚀和变形，切勿把设备放在日晒、雨淋的场所。

(三) 定期进行计量检测

每 3 个月做一次计量即动态累计误差的校准。具体步骤参考调试部分。

第三节 加去盖系统

加去盖系统通常指的是一种自动或半自动的装置或系统，用于实现物体或容器的盖子或封装的添加和去除操作。具体功能和特点可能会根据不同的应用领域和技术需求有所差异。在工业生产领域，加去盖系统可能用于自动化生产线上的产品封装和开封过程，以提高生产效率和质量。例如，在食品、医药、化工等行业中，加去盖系统可以自动完成产品容器的盖子添加和去除，减少人工操作，降低生产成本，并提高产品的卫生和安全标准。在实验室或科研领域，加去盖系统可能用于自动处理样品管、试管或其他容器的盖子，以加速实验进程，减少人为误差，并提高实验结果的准确性。

一、加去盖系统的工作原理与功能

(一) 工作原理

加去盖系统的工作原理可以详细描述为去盖作业过程和加盖作业过程两个主要步骤。

1. 去盖作业过程

加去盖机为带盖箱体去盖时，带盖箱体进入去盖作业工位，去盖机接收去盖指令，随动式升降码分机升降至配合机械手作业的高度，机械手下降到吸取箱盖的位置，吸取箱盖后上升并移位到随动式升降码分机承载工位正上方，机械手释放箱盖到箱盖垛上，机械手上升到位，完成去盖作业。

带盖箱体定位：带盖箱体被输送到去盖作业工位，准确定位并稳定放置。

接收去盖指令：当带盖箱体准备就绪后，去盖机接收来自控制系统的去盖指令。

随动式升降码分机调整高度：随动式升降码分机根据指令，自动升降至配合机械手作业的高度，确保机械手可以顺利地在箱体和箱盖之间进行操作。

机械手下降吸取箱盖：机械手下降到指定位置，通过吸取装置（如吸盘或夹爪）牢固地抓住箱盖。

箱盖提升与移位：机械手吸取箱盖后，上升并移动到随动式升降码分机承载工位正上方。

释放箱盖：在到达指定位置后，机械手释放箱盖到箱盖垛上，完成箱盖的移除。

机械手复位：完成去盖操作后，机械手上升回到初始位置，等待下一次指令。

2. 加盖作业过程

加去盖机为无盖箱体加盖时，当无盖箱体进入加盖作业工位等待加盖时，加盖机接收到加盖指令，随动式升降码分机调整至配合机械手加/取箱盖的高度，机械手下降吸取箱盖并上升移位至无盖箱体正上方，将箱盖放到无盖箱体上，机械手上升到位，完成加盖作业。

无盖箱体定位：无盖箱体被输送到加盖作业工位，并稳定放置等待加盖。

接收加盖指令：当无盖箱体准备就绪后，加盖机接收来自控制系统的加盖指令。

随动式升降码分机调整高度：随动式升降码分机根据指令，自动升降至配合机械手加/取箱盖的高度。

机械手下降吸取箱盖：机械手下降到存放箱盖的位置，通过吸取装置抓取箱盖。

箱盖提升与移位：机械手吸取箱盖后，上升并移动到无盖箱体正上方。

放置箱盖：在到达指定位置后，机械手将箱盖准确地放到无盖箱体上，完成加盖操作。

机械手复位：完成加盖操作后，机械手上升回到初始位置，等待下一次指令。

整个加去盖系统的核心在于机械手的精确操作和随动式升降码分机的配合，确保箱盖的添加和去除过程准确、高效且稳定。同时，系统还需要考虑箱体的定位精度、箱盖与箱体的匹配度、机械手的运动路径优化等因素，以提高整体的工作效率和减少故障率。

（二）工作条件和环境条件

整机在下列条件下应能正常工作：

（1）海拔高度：不高于 2000m。

（2）环境温度：-10～40℃。

（3）相对湿度：<80%（当最高温度为 40℃时，相对湿度不超过 50%，温度低则允许高的相对湿度）。

（4）电源：3/N～50Hz/TN-S、380V±38V、50Hz±1Hz。

（5）供气压力：0.6～0.8MPa。

（6）来料要求：烟箱、烟丝箱盖应该符合设计要求。

（三）加去盖机功能

加去盖机作为物流系统箱式储丝自动化物流系统的重要组成部分，其核心功能在于实现烟丝箱的自动加盖和去盖操作。该设备专为这一特定物流系统设计，因此不能用于其他系统中的自动加去盖操作。具体来说，加去盖机具备以下关键功能。

（1）自动加盖功能：当无盖烟丝箱被输送到加盖作业工位时，加去盖机能够自动接收加盖指令，通过其内置的随动式升降码分机和机械手，准确抓取箱盖，并将其放置在烟丝箱上，实现快速、高效的加盖操作。

（2）自动去盖功能：对于带有箱盖的烟丝箱，加去盖机同样能够自动接收去盖指令，通过机械手的精确操作，将箱盖从烟丝箱上取下，并放置在指定的箱盖垛上，完成去盖作业。

（3）高度适应性：随动式升降码分机能够根据烟丝箱和箱盖的不同尺寸，自动调整至合适的工作高度，确保机械手能够顺利作业。

（4）操作便捷性：龙门加去盖机的操作界面设计简洁明了，用户只需按照正确的操作步骤即可轻松维护和运行设备。

（5）安全性与稳定性：设备内置了多重安全保护措施，确保在作业过程中不会对操作人员或周围环境造成危害。同时，其稳定的性能和高效的作业能力也大大提升了物流系统的整体运行效率。

需要注意的是，用户在使用龙门加去盖机时，应严格遵守设备的使用规定和操作流程，未经授权不得随意改造、更换或以任何方式修改机器。这样不仅能够确保设备的正常运行和延长使用寿命，还能够避免因误操作导致的安全事故和财产损失。

二、加去盖系统的结构与组成

（一）主要结构

加去盖设备主要由立柱、长（短）横撑和斜撑、上框架、吸盘组件、导向装置、气动系统等组成。

1. 立柱

立柱由方管和钢板焊接而成，是该设备的主要支撑部分。

2. 长（短）横撑和斜撑

长（短）横撑和斜撑由方管和钢板焊接而成，主要用于立柱和上框架的连接。

3. 上框架

上框架由方管和钢板焊接而成，主要连接立柱、斜撑、直线驱动器和滚动直线导轨副等。

4. 吸盘组件

吸盘组件主要由升降气缸、对正气缸、吸盘、真空发生器等组成，主要用于箱盖的吸取、提升和对正。

5. 导向装置

导向装置由四个相同的部分组成，主要起到升降气缸的导向作用。

6. 气动系统

气动系统主要由过滤减压阀、电磁阀、快插接头、真空发生器、气管等组成，是气缸和吸盘的控制部分，在整个动作过程中起到非常重要的作用。

（二）系统说明

1. 传动系统

输送伺服电机通过直线驱动器和滚动直线导轨副实现箱盖的水平移动。

2. 电气系统

直线驱动器用一个接近开关实现位置控制，通过两个限位开关实现安全控制，各个气缸分别用两个舌簧式接近开关来控制，六个吸盘两两分别用一个真空发生器来控制。

3. 润滑系统

定时为直线驱动器和滚动直线导轨副加注润滑油脂，润滑的具体位置、材料、周期及方式按照直线驱动器说明书和滚动直线导轨副说明书执行。

三、加去盖系统的安装与调试

（一）安装

1. 安装前检查

按装箱单内容逐项检查设备及零件是否齐全，有无破损，随机技术文件和备件是否齐全。如发现与之不符，或有损坏件情况时，应做好记录，及时与运输部门和生产厂家联系尽快解决。检查安装工具、起吊工具是否齐全。

（1）开箱检查

根据装箱单所列内容，仔细核对设备及零件的数量和种类，确保每一项都齐全无误。认真检查设备及零件是否有破损或缺陷，特别注意易碎和敏感部件。核实随机技术文件（如说明书、操作手册、维护指南等）和备件是否完整，没有遗漏。若发现设备与装箱单不符、零件缺失或损坏等情况，应详细记录问题，并立即与运输部门和生产厂家联系，协调解决方案，确保问题尽快得到处理。

（2）工具检查

检查安装所需的工具是否齐全，包括螺丝刀、扳手、锤子等基本工具，以及可能需要的专用工具。确认起吊工具（如起重机、吊装带等）是否齐全且符合安全要求，确保在设备安装过程中能够安全、有效地使用。

2. 安装步骤

进行设备安装时，应先检查输送方向是否和输送线的输送方向一致；各设备的输送面是否在欲设位置上，位置是否正确；确认一切正常后，用新型内膨胀螺栓将其固定。

（1）在进行设备安装前，首先要确认设备的输送方向与整个输送线的输送方向是否一致，确保设备在运行时能够顺畅地与其他部分衔接。

（2）检查设备的输送面是否位于预定的安装位置上，并且位置准确无误。这包括设备的水平度、垂直度以及与其他设备的相对位置关系。

（3）确认一切正常后，使用新型内膨胀螺栓将设备固定在安装位置上。这种螺栓具有安装简便、固定牢固的优点，能够有效地保证设备在运行过程中的稳定性和安全性。

（4）在整个安装过程中，应严格按照设备说明书和相关操作规范进行，确保每一步操作都正确无误。同时，注意安全防范措施的落实，避免在安装过程中发生意外伤害事故。

（二）调试

调试是确保设备正常运行的重要步骤，它涉及对设备各项功能的检查和测试。在开机前，进行一系列的调试准备和检查工作至关重要，以确保设备的安全性和稳定性。

（1）在开机前，必须检查各紧固件是否紧固。紧固件是设备结构的重要组成部分，它们的紧固程度直接影响设备的稳定性和安全性。因此，要确保所有紧固件都牢固可靠，没有松动现象。

（2）检查接近开关、行程开关、隔离开关是否装好。这些开关是控制设备动作和保护设备安全的关键部件，它们的正确安装和正常运行对于设备的整体性能至关重要。因此，要仔细检查这些开关的安装位置和接线情况，确保它们能够正常工作。

（3）确认电源接通。在接通电源之前，要确保电源线的连接正确无误，避免因电源问题导致的设备故障或安全事故。同时，还要检查设备的电源指示灯是否亮起，以确认电源已经正常接通。

（4）待一切正常后，方可进行空载调试。空载调试是指在设备不承载实际物料的情况下进行调试，主要目的是检查设备的各项功能是否正常、动作是否顺畅。在空载调试过程中，要仔细观察设备的运行情况，注意是否有异常声音、振动或发热等现象，并及时记录和处理发现的问题。

空载调试完成后，才能进行负载及整线调试。负载调试是在设备承载实际物料的情况下进行的，以检验设备在实际工作条件下的性能和稳定性。整线调试则是对整个生产线进行调试，确保各设备之间的协同工作正常，实现生产线的顺畅运行。

在整个调试过程中，要严格遵守操作规程和安全规范，确保人员和设备的安全。同时，要做好调试记录和数据分析工作，为设备的后期维护和优化提供有力支持。

四、加去盖系统的维护与保养

（一）维护与保养注意事项

正确而经常的维护保养，对机器的正常工作和提高机器的使用寿命非常重要，如图 4-3-1 所示。

警告！

➤ 在未切断电源之前不能进行任何维护和保养操作。

➤ 按照本手册规定的时间间隔进行设备润滑、维护和保养操作。

图 4-3-1 警告标识

加去盖机的维护保养应注意以下几点。

（1）每日检查机器运转时有无异常噪声、振动，检查伺服电机运行情况是否良好。

（2）每月检查直线驱动器运行情况是否正常，按照其说明书的要求进行维护。

（3）每月检查滚动直线导轨副的润滑情况，及时给予润滑。

（4）每月检查各气缸工作是否正常。

（5）每月检查各气动元件是否正常，连接是否可靠。

（6）按照直线驱动器、滚动直线导轨副、气缸和各控制检测元件说明书的要求进行维护。

（7）按照伺服减速电机说明书的要求进行维护。

（8）检查各连接部位的可靠性。

（9）定期加润滑油脂及检查润滑情况。

（二）维修与保养建议

加去盖系统的维护与保养是确保系统正常运行和延长使用寿命的关键环节。以下是一些关于加去盖系统维护与保养的建议。

1. 定期检查与清洁

应定期对加去盖系统进行全面的检查，包括机械部分、电气部分以及传感器等。同时，清洁系统表面和内部积累的灰尘、污垢等，以保持系统的清洁和正常运行。

2. 润滑与紧固

对于系统的运动部件，如导轨、轴承等，应定期添加润滑油或润滑脂，以减少摩擦和磨损。此外，检查并紧固所有连接件和紧固件，防止因松动导致的故障或安全隐患。

3. 电气部分维护

检查电气线路是否完好，接头是否松动或腐蚀。对于电机、传感器等电气元件，应按照其说明书的要求进行维护和保养。

4. 软件与控制系统更新

定期检查和更新系统的软件和控制系统，以确保其与时俱进，适应新的工作需求和环境变化。

5. 备件储备

对于易损件和关键部件，应提前储备一定量的备件，以便在需要时能够及时更换，减少因部件损坏导致的停机时间。

6. 培训与操作规范

对操作和维护人员进行定期培训，使其熟悉系统的操作和维护规范。同时，制定详细的操作和维护手册，供人员参考和遵循。

综上所述，加去盖系统的维护与保养需要综合考虑机械、电气、软件等多个方面。通过定期的检查、清洁、润滑和更新等措施，可以确保系统的稳定运行和延长使用寿命。同时，加强人员培训和规范操作也是维护系统正常运行的重要保障。

第四节　夹抱合分机

夹抱合分机是一种用于将物料和托盘进行分离或组合的设备，它主要通过夹抱机构和升降机构来实现这一功能，并在相关设备的作用下完成物料与托盘的分别输送。夹抱合分机的主要功能是将纸箱烟包等物料与托盘进行分离或组合，以适应不同的生产需求，夹抱合分机还具备一些关键的性能指标，如最大载重量、包装物外形尺寸、生产能力、电机功率以及液压油量等，这些指标共同决定了设备的运行效果和效率。

一、夹抱合分机的工作原理与功能

（一）工作原理

夹抱式合分机适用于将烟丝箱夹抱后提升并放下。当执行合箱功能时，烟丝箱由嵌套在夹抱式合分机下方的链式输送机输送到夹抱工位，夹紧装置将烟丝箱夹紧并提升到一定高度，第二个烟丝箱进入工位后，设备再将第一个烟丝箱叠放于第二个烟丝箱上，从而完成合箱动作。当执行分箱功能时，设备按逆向工作流程动作。

1. 在合箱功能执行时

夹抱式合分机的工作流程如下：烟丝箱通过嵌套在夹抱式合分机下方的链式输送机进行传输。链式输送机具有稳定可靠的传输性能，能够确保烟丝箱准确、平稳地输送到夹抱工位。当烟丝箱到达夹抱工位时，夹抱式合分机的夹紧装置启动。夹紧装置采用特殊设计的夹爪，能够牢固地夹持住烟丝箱，防止在提升过程中发生滑落或晃动。夹紧装置将烟丝箱夹紧后，升降机构开始工作，将烟丝箱提升到一定高度。这个高度通常根据生产线上其他设备的布局和作业需求进行设定，以确保烟丝箱能够顺利叠放在另一个烟丝箱上。当第一个烟丝箱被提升到适当位置后，第二个烟丝箱进入夹抱工位。此时，夹抱式合分机的控制系统会精确控制升降机构的动作，将第一个烟丝箱平稳地叠放在第二个烟丝箱上。通过这样的操作流程，夹抱式合分机能够高效地完成烟丝箱的合箱动作，为后续的烟草加工流程提供便利。

2. 在分箱功能执行时

夹抱式合分机的工作流程与合箱动作相反：设备首先通过升降机构将堆叠在一起的烟丝箱下降到适当的高度。然后，夹紧装置松开对烟丝箱的夹持，使最上层的烟丝箱能够被链式输送机带走。重复上述动作，直到所有需要分离的烟丝箱都被逐一取走。

夹抱式合分机通过精确的控制和稳定的机械性能，实现了烟丝箱的快速、准确合并与分离，大大提高了烟草生产线的自动化水平和生产效率。

（二）环境及工作条件

1. 环境条件

（1）环境温度：10～40℃。

（2）相对湿度：≤80％。

（3）海拔高度：不超过 2000m。

2. 工作条件

（1）电源：3/N～50Hz/T-S，380V±38V，50Hz±1Hz。

（2）压缩空气进口压力：0.6～0.8MPa。

（3）烟丝箱：烟丝箱四周的加强筋的强度必须满足要求（能承受烟丝箱自重与烟丝质量之和）。

（4）来料烟丝箱的定位精度：±5mm。

（三）夹抱合分机功能

1. 功能

夹抱合分机是将空（实）箱单元分成单个空（实）烟丝箱或将单个空（实）烟丝箱合成空（实）烟丝箱单元。如果夹抱合分机用于其他非指定加工对象可能会造成人员、设备及相关器件的伤害和损坏。用户应该按照正确的操作步骤维护和运行夹抱合分机，未经授权，不能任意改造、更换或任意修改机器。

2. 注意事项

（1）专用性：夹抱合分机是专为处理烟丝箱而设计的，如果用于其他非指定的加工对象，可能会因为尺寸、质量或其他因素的不匹配，导致设备性能下降，甚至造成设备损坏或人员伤害。

（2）规范操作：用户在使用夹抱合分机时，必须按照正确的操作步骤进行。不正确的操作可能会导致设备故障，甚至引发安全事故。因此，操作人员应接受专业培训，熟悉设备的操作规范。

（3）禁止改造：未经授权，不得对夹抱合分机进行任意改造、更换或修改。任何未经授权的改动都可能影响设备的性能和安全性，甚至可能违反相关的安全规定。

（4）定期检查与维护：为了确保夹抱合分机的正常运行和延长使用寿命，应定期对设备进行检查和维护。这包括检查设备的电气系统、机械部件、润滑情况等，以及及时更换磨损严重的部件。

（5）安全防护：在使用夹抱合分机时，应确保设备的周围没有无关人员，避免因设备突然动作或故障造成人员伤害。同时，设备应配备必要的安全防护装置，如紧急停止按钮、安全防护罩等。

总之，夹抱合分机是一种高效、实用的物流处理设备，但在使用时必须严格遵守操作规范和安全规定，以确保设备的正常运行和人员的安全。

二、夹抱合分机的结构与组成

（一）主要结构

夹抱合分机主要由机架、升降机构和夹持机构等关键部分构成。这些部分协同工作，以实现烟丝箱的有效夹抱、提升和合分操作。

1. 机架

机架是整个设备的支撑结构，它承载着升降机构和夹持机构，并确保了设备的稳定性和安全性。机架通常采用坚固耐用的材料制成，以承受工作时的各种力和振动。

2. 升降机构

升降机构是夹抱合分机实现烟丝箱提升和下降功能的核心部件。它通常由电机、链条等部件组成。电机通过链条驱动升降机构，使其能够按照设定的速度和平稳性进行升降动作。这种设计使得烟丝箱能够准确、快速地被提升到指定位置或降低到输送线上。

3. 夹持机构

夹持机构负责夹抱烟丝箱，确保在升降和合分过程中烟丝箱的稳定性。它通常包括安装座、左夹持臂、右夹持臂和气缸等部件。安装座固定在机架上，为夹持臂提供稳定的支撑。左夹持臂和右夹持臂则通过导轨实现在安装座上的滑动，以适应不同尺寸的烟丝箱。气缸则负责驱动夹持臂的开合动作，实现对烟丝箱的夹抱和释放。

此外，夹抱合分机还可能配备一些辅助部件，如对中机构，以确保烟丝箱在合分过程中的对中精度。这些部件共同构成了夹抱合分机的完整结构，使其能够高效、准确地完成烟丝箱的夹抱、提升和合分任务。

（二）夹抱机组成

夹抱合分机的结构主要由龙门机架、提升装置、夹抱装置、电控部分等组成。

1. 龙门机架

机架是承载其他部件的主体，主要由型钢材连接而成。

2. 提升装置

提升装置是由提升电机、提升链条、导轨等组成，通过提升链运动来完成物料和夹抱装置的同时升降。

3. 夹抱装置

夹抱装置是由气缸、夹紧机构、同步连杆装置、电磁阀等组成，实现对烟丝箱的夹紧或松开。

4. 电控部分

电控部分主要由隔离开关、接近开关、限位开关、电磁阀、接线盒等组成。电机接线至隔离开关，其余机上所有信号先应接至接线盒内。

三、夹抱合分机的安装与调试

（一）安装与调试

1. 安装前检查

（1）按装箱单内容逐项检查设备及零件是否齐全，有无破损，随机技术文件和备件是否齐全。如发现与之不符，或有损坏件情况时，应做好记录，及时与运输部门和生产厂家联系尽快解决。

（2）检查安装工具、起吊工具是否齐全。

2. 安装

在生产厂家组装调试后，整机装箱发往用户单位。设备进行安装时，应先检查物料的输送方向是否和输送线的输送方向一致；夹抱合分机的中心是否与链式输送机的中心在同一直线上；平面号与其所在位置是否正确；确认一切正常后，用胀锚螺栓将其固定。

（二）调试

夹抱合分机在运往用户单位之前已经在生产厂家进行过调试，用户使用前的调试工作一般由生产厂家指派人员协助用户在使用现场进行。

夹抱式合分机的提升高度、物料提升速度是否能够满足生产需要，各结构件相互运动应无异常现象出现。

夹抱式合分机负载后，接近开关、舌簧式限位开关、限位开关动作反应灵敏。

整机装配调试合格后，应进行 2h 的空载运行实验和 2h 的负载运行试验。

空载运行和负载运行试验时，应每隔 1h 检查下列项目：

（1）机器启动应平稳、迅速，不应有跳动、冲击等现象。

（2）空载电流不超过电机额定电流的 50%。

（3）轴承温升和电机温升不高于 25℃。

四、夹抱合分机的维护与保养

（一）每月维护

检查链条，及时加入润滑油或润滑脂。

检查减速机的润滑情况，减速机的润滑按照减速机说明书的要求进行。

检查链条、导轨连接处是否松动，如松动及时拧紧。

（二）每年维护

拆下所有链条、链轮用煤油清洗干净，检查有无磨损，凡磨损较严重或损坏者均应重新更换，对尚能使用的链条要清洗干净，加好润滑脂。

按减速机的使用说明对减速机进行保养。

更换平时故障较多的部件，对于剩余使用寿命不长的元件必须更换。

第五章　机械装配技术创新与发展

随着全球制造业的转型升级，机械装配技术作为其核心环节，正迎来前所未有的创新与发展机遇。本章将深入探讨机械装配技术创新的重要性、现状、未来趋势，以及数字化、智能化和绿色装配技术的发展与应用，旨在引领读者走进机械装配技术的新时代，共同探索制造业的未来。

本章概述机械装配技术创新的重要性与意义，分析当前机械装配技术创新的现状与问题，展望其发展趋势，并探讨所面临的挑战与机遇。随着制造业的不断发展，传统的机械装配工艺流程已经难以满足高效、高质的生产需求。随着数字化和智能化技术的深入应用，机械装配领域正迎来一场革命性的变革。深入了解机械装配技术创新与发展的现状、趋势和挑战，掌握数字化、智能化和绿色装配技术的核心知识，为应对未来制造业的发展变革做好充分准备。

第一节　机械装配技术创新概述

一、机械装配技术创新的重要性与意义

在全球经济一体化和制造业转型升级的大背景下，机械装配作为制造业的核心环节，其技术创新显得尤为重要。机械装配技术创新不仅能够提升装配效率、保证产品质量，还能推动整个制造业向智能化、绿色化、高端化方向发展。那么，机械装配技术创新究竟有何重要性与意义？下文将从多个角度进行深入探讨。

（一）机械装配技术创新是提升制造业竞争力的重要性

随着科技的日新月异，制造业的竞争焦点已逐渐从成本控制转向技术创新，在这一大背景下，机械装配作为制造业的关键环节，其技术创新水平无疑成为衡量产品质量和生产效率的重要标尺，通过不断引入先进的装配技术、设备和工艺，不仅能够显著提升装配的精确度，更能有效降低能源消耗和废弃物排放，进而提升整个制造业的竞争力。如今全球制造业正站在一个历史性的转折点，传统的制造模式正在被智能制造、绿色制造等新型制造模式所替代，而机械装配技术创新正是这些新型制造模式的核心驱动力。通过持续的技术创新，可以实现装配过程的自动化、智能化和绿色化，为制造业的转型升级提供强有力的支撑。

具体而言，机械装配技术创新能够带来诸多的显著优势，自动化技术的应用能够大幅提高装配效率，减少人力成本，同时提升装配质量的稳定性。智能化技术则可以通过数据分析和预测，实现装配过程的精准控制，进一步优化生产流程。而绿色化技术的应用，则有助于降低能耗、减少废弃物排放，推动制造业向更加环保、可持续的方向发展。机械装配技术创新仍有着巨大的发展空间和潜力。随着人工智能、物联网等技术的

不断发展，有理由相信，未来的机械装配将更加智能、高效、绿色，同时随着全球制造业的不断升级和转型，机械装配技术创新也将成为推动制造业持续发展的重要引擎。因此必须高度重视机械装配技术创新的重要性，加大研发投入，加强人才培养，推动技术创新与产业发展的深度融合。只有这样，我们才能在全球制造业的竞争中立于不败之地，实现制造业的可持续发展。

（二）机械装配技术创新有助于提升制造业的国际地位

随着全球制造业的蓬勃发展，国际竞争越发激烈，在这一大背景下，机械装配技术创新不仅是提升制造业竞争力的核心所在，更是推动我国制造业走向世界舞台中心的关键驱动力。机械装配技术的创新能够为我国制造业带来显著的技术优势。通过不断研发和应用先进的装配技术、设备和工艺，能够开发出更加高效、精准、环保的装配解决方案，从而在国际市场上脱颖而出。机械装配技术创新有助于推动我国制造业实现转型升级，在全球制造业不断升级和转型的趋势下，通过技术创新，可以实现装配过程的自动化、智能化和绿色化，提高制造业的可持续发展能力。这将有助于我国制造业从传统的劳动密集型向技术密集型转变，提升我国制造业的整体竞争力。机械装配技术创新还能够加强我国制造业的国际合作与交流。通过与国际先进企业、研究机构开展技术合作与交流，可以引进和吸收国际上的先进技术和经验，推动我国机械装配技术的快速发展。此外，还可以通过技术创新展示我国制造业的实力和成果，提升我国制造业在国际上的地位和影响力。

机械装配技术创新在提升制造业竞争力、推动制造业转型升级和提升制造业国际地位等方面具有重要意义。面对全球制造业的深刻变革和日益激烈的国际竞争，必须加强机械装配技术创新的研究和应用，不断提高装配效率和产品质量，为我国制造业的可持续发展注入新的动力。同时，我们还需要加大对机械装配技术创新人才的培养和引进力度，为技术创新提供有力的人才保障。相信在不久的将来，通过机械装配技术创新的不断推动，我国制造业将迎来更加美好的发展前景。

二、机械装配技术创新的现状与问题

随着制造业的快速发展，机械装配技术创新已成为推动产业进步的核心动力，然而在实际应用中，机械装配技术创新仍面临着诸多挑战和问题。分析当前机械装配技术创新的现状，探讨其存在的问题，以期为未来技术的发展提供参考。

（一）机械装配技术创新的发展现状

近年来，机械装配技术创新领域取得了令人瞩目的进展，这主要得益于一系列先进技术的不断应用以及新型制造模式的兴起。一方面，人工智能、机器人技术和自动化控制等前沿技术的融入，为机械装配带来了革命性的变革，通过应用这些技术，机械装配的精度和效率得到了显著提升。另一方面，智能制造和绿色制造等新型制造模式的兴起，也为机械装配技术创新提供了新的发展方向。智能制造强调通过信息化手段实现制造过程的智能化和柔性化，而绿色制造则注重在制造过程中实现资源的高效利用和环境的友好保护。这些技术的应用和模式的创新，为制造业的转型升级注入了新的活力，通过机械装配技术创新，制造业可以实现更高效、更环保、更智能的生产方式，提高产品质量和生产效率，降低成本和资源消耗，从而在全球竞争中获得更大的优势。

（二）机械装配技术创新面临的主要问题

技术瓶颈问题显得尤为突出，随着制造业对装配精度和效率的要求日益提高，现有的装配技术在某些特定领域已经难以满足需求，尤其是在高精度、高复杂度的装配任务方面，仍面临着技术上的难题。成本问题也是制约机械装配技术创新的一个重要因素，先进的装配技术往往伴随着高昂的设备购置、维护以及人力成本，这对于许多中小企业来说是一个不小的负担，为了降低成本，需要探索更加经济、实用的技术方案，并通过优化生产流程、提高设备利用率等方式来降低生产成本。人才短缺也是机械装配技术创新面临的一个严峻挑战，目前市场上缺乏具备相关专业知识和实践经验的高素质人才，这限制了技术创新的速度和深度，为了解决这个问题，我们需要加强人才培养和引进工作，通过建立完善的人才培养机制、提供有吸引力的薪酬待遇和职业发展机会等方式，吸引更多的人才投身于机械装配技术创新事业。

机械装配技术创新在取得显著进展的同时，仍面临着技术瓶颈、成本问题和人才短缺等挑战，为了推动机械装配技术创新的持续发展，需要加大技术研发力度、降低技术创新成本并加强人才培养和引进。

三、机械装配技术创新的发展趋势

随着全球制造业的升级，机械装配技术创新正迎来前所未有的发展机遇，在新一轮的科技革命和产业变革中，机械装配技术正朝着智能化、高效化、绿色化等方向发展，这些趋势不仅深刻影响制造业的生产模式和效率，还将为全球经济的可持续发展注入新的活力。

（一）智能化成为机械装配技术创新的重要方向

随着人工智能、大数据、云计算等前沿技术的迅猛发展，智能化已成为机械装配技术创新的重要方向，引领着制造业的未来发展趋势。机器人和自动化设备将在机械装配领域发挥越来越重要的作用，通过引入人工智能算法和感知技术，这些设备将具备更高的自主决策和智能控制能力。它们能够独立完成复杂的装配任务，包括零件识别、定位、抓取和组装等，从而显著提高装配效率和质量。物联网技术将促进机械装配与生产管理系统之间的无缝连接，通过安装传感器和通信模块，装配设备能够实时采集生产数据，并将其传输到云端或本地服务器进行处理和分析。这将使得生产管理人员能够及时了解装配进度、质量以及设备状态等信息，从而做出更加精准的生产决策。此外大数据和云计算技术将为机械装配提供强大的数据支持和计算能力，通过对装配过程中产生的海量数据进行挖掘和分析，可以发现装配过程中的潜在问题和优化空间，从而提出有针对性的改进措施，云计算技术还可以为机械装配提供弹性的计算资源，满足不同规模和复杂度的装配需求。

（二）绿色化是机械装配技术创新的重要趋势

在全球环保意识日益增强的背景下，绿色制造已然成为制造业的重要发展方向。机械装配技术创新，作为制造业的核心组成部分，也在积极响应这一全球趋势，更加注重绿色发展。在材料选择方面，机械装配技术创新将更倾向于采用环保材料，这些材料不仅在生产过程中对环境影响较小，而且在使用过程中也能降低能耗和排放。通过优化材料选择，我们可以从源头上减少装配过程对环境的污染。节能技术也是机械装配技术创新的重要方向，通过研发和应用先进的节能技术，如能量回收、节能控制等，可以有效降低装配过程中的能耗，这不仅有助于降低生产成本，还能为企业的可持续发展提供有力支持。此外，清洁生产方式也是机械装配技术创新的重要一环，通过采用清洁生产技术，可以减少装配过程中的废弃物产生，同时降低排放物的污染程度，这有助于提升企业的环保形象，也有助于推动整个制造业向更加环保的方向发展。

机械装配技术创新正迎来智能化、高效化、绿色化等重要发展趋势，这些趋势将深刻影响制造业的生产模式和效率，推动全球经济的可持续发展。面对这些发展趋势，从业者要加强技术研发和创新，不断突破技术瓶颈，推动机械装配技术创新取得更加显著的成果。

四、机械装配技术创新的挑战与机遇

机械装配技术创新作为制造业的核心驱动力，正处在一个充满挑战与机遇的时代。随着全球制造业的转型升级和科技的快速发展，机械装配技术创新面临着前所未有的压力与期望。如何应对挑战，抓住机遇，成为摆在我们面前的重要课题。

（一）机械装配技术创新面临的挑战

技术瓶颈是机械装配技术创新过程中一个难以回避的问题，随着制造业对装配精度和效率的要求不断提高，现有的机械装配技术在某些领域确实难以满足市场需求。首先，在高精度、高效率的装配领域，我们仍需要不断探索新的技术路径，突破现有的技术限制。这要求我们在研发方面加大投入，加强基础研究和应用研发，以推动机械装配技术的持续进步。其次，成本问题也是制约机械装配技术创新的一个重要因素，先进的装配技术往往伴随着高昂的研发资金和设备成本，这对中小型企业来说确实是一个不小的负担。最后，人才短缺也是机械装配技术创新面临的一个重要挑战，市场上缺乏具备相关专业知识和实践经验的高素质人才，这限制了技术创新的速度和深度。为了解决这个问题，我们需要加强人才培养和引进工作。一方面，可以通过高校、科研机构等渠道，加强机械装配技术领域的人才培养，为行业输送更多高素质的专业人才；另一方面，也可以通过引进海外优秀人才、开展国际合作等方式，吸引更多的人才投身于机械装配技术创新事业。

（二）机械装配技术创新迎来的机遇

尽管机械装配技术创新面临着诸多挑战，但也是前所未有的机遇。首先，全球制造业的转型升级为机械装配技术创新提供了广阔的市场空间，随着制造业向智能化、绿色化、高端化方向发展，对高效、智能、环保的装配技术需求不断增长，这为机械装配技术创新提供了巨大的市场机遇。其次，新技术的不断涌现为机械装配技术创新提供了新的发展方向，人工智能、机器人技术、物联网等先进技术的快速发展为机械装配技术创新提供了有力支持，有助于突破技术瓶颈，提高装配效率和质量。最后，政策支持也为机械装配技术创新提供了有力保障，各国政府纷纷出台政策鼓励制造业创新和技术研发，为机械装配技术创新提供了良好的政策环境。

机械装配技术创新既面临着技术瓶颈、成本问题和人才短缺等挑战，也迎来了全球制造业转型升级、新技术不断涌现和政策支持等机遇。为了应对挑战、抓住机遇，我们应该加大技术研发力度、降低技术创新成本、加强人才培养和引进以及加强国际合作与

交流，通过这些措施的实施，我们有信心推动机械装配技术创新取得更加显著的成果，为制造业的转型升级和可持续发展做出更大贡献。

第二节　机械装配工艺流程创新

一、机械装配工艺流程优化与改进

在机械装配领域，工艺流程的优化与改进是提升装配效率、保证产品质量和降低生产成本的关键。随着制造业的快速发展，传统的机械装配工艺流程已难以满足现代制造业的高效、智能和环保要求。

（一）机械装配工艺流程改进的方向

机械装配工艺流程的改进确实应朝着智能化、柔性化和绿色化的方向发展，这三个方向不仅代表了当前制造业的发展趋势，也是应对未来挑战的关键所在。首先，智能化是机械装配工艺流程改进的重要方向，通过引入智能设备和系统，可以实现装配过程的自动化和智能化，从而提高装配精度和效率。其次，柔性化是应对产品种类增多和市场需求变化的重要策略，装配工艺流程需要具备更强的柔性，以适应不同产品的装配需求。这可以通过模块化设计、可重构生产线等方式实现，模块化设计使得装配系统可以方便地组合和调整，以适应不同产品的装配要求；可重构生产线则可以在短时间内对生产线进行重构和调整，以满足市场需求的变化。最后，绿色化是机械装配工艺流程改进不可忽视的方面，随着环保意识的增强和绿色制造理念的普及，我们需要更加注重装配过程对环境的影响。采用环保材料、节能技术和清洁生产方式，降低装配过程对环境的污染。

（二）机械装配工艺流程优化与改进的策略

为了实现机械装配工艺流程的优化与改进，可以采取以下策略：一是加强技术研发和创新，不断引入新技术、新设备和新工艺，推动装配流程的持续优化；二是加强与高校、科研机构的合作，借助其强大的研发实力和创新能力，共同推动机械装配工艺流程的创新发展；三是重视人才培养和引进，培养一支具备专业素养和创新精神的技术团队，为工艺流程的优化与改进提供有力的人才保障。

机械装配工艺流程的优化与改进是提升装配效率、保证产品质量和降低生产成本的关键。通过对装配流程进行深入分析，找出问题并优化改进，可以有效提高装配效率和质量，降低生产成本，为制造业的转型升级和可持续发展注入新的活力。同时，还应关注新技术、新工艺和新设备的研发与应用，推动机械装配工艺流程朝着智能化、柔性化和绿色化的方向发展。

二、新型工艺流程在机械装配中的应用

随着科技的不断进步和制造业的快速发展，传统的机械装配工艺流程已难以满足现代制造业的高效、智能和环保要求。新型工艺流程的出现和应用，为机械装配领域带来了革命性的变革。这些新型工艺流程不仅提高了装配效率和质量，还降低了生产成本，为制造业的转型升级提供了有力支持。

（一）新型工艺流程在机械装配中的应用优势

新型工艺流程在机械装配中的应用确实具有显著优势，这些优势不仅体现在效率提升、精度提高，还体现在环保节能等方面，对于推动机械装配技术的创新与发展具有重要意义。新型工艺流程采用先进的设备和技术，实现了装配过程的自动化和智能化。传统的机械装配过程往往依赖人工操作，存在效率低、精度难以保证等问题。而新型工艺流程通过引入自动化设备、传感器、机器视觉等先进技术，可以实现对装配过程的精确控制和实时监测，大大提高了装配效率。新型工艺流程注重精细化操作，减少了人为因素的干扰，提高了装配精度和产品质量。而新型工艺流程通过精细化设计、优化操作流程、严格控制工艺参数等措施，可以有效减少人为因素的干扰，确保每个装配步骤的准确性和稳定性，从而提高装配精度和产品质量。新型工艺流程还注重环保和节能，随着环保意识的日益增强，绿色制造已成为制造业的重要发展方向，新型工艺流程在机械装配中的应用，通过采用环保材料、节能技术和清洁生产方式，降低了装配过程对环境的污染。例如，选择可降解或可回收的材料进行装配，利用节能技术降低能耗，采用清洁生产方式减少废弃物和污染物的排放，这些措施都有助于推动机械装配向绿色制造的方向发展。

（二）新型工艺流程在机械装配中的具体应用

新型工艺流程在机械装配中的应用确实展现出了显著的优势，这些优势不仅体现在效率、精度方面，更体现在环保和节能等可持续发展方面。首先，新型工艺流程通过引入先进的设备和技术，实现了装配过程的自动化和智能化，使得装配过程更加高效、精准，大大提高了装配效率，这不仅缩短了生产周期，提高了产能，也降低了对人力资源的依赖，有助于企业降低成本、增强竞争力。其次，新型工艺流程注重精细化操作，通过优化操作流程、严格控制工艺参数等措施，减少了人为因素的干扰，提高了装配精度和产品质量。精细化操作不仅确保了每个装配步骤的准确性和稳定性，也提高了产品的整体性能和可靠性，为企业赢得了良好的市场声誉。新型工艺流程还注重环保和节能。

在材料选择方面，新型工艺流程倾向于使用环保材料，这些材料在生产和使用过程中对环境的影响较小。此外，新型工艺流程还采用清洁能源和节能技术，降低能耗和排放，减少对环境的污染。这不仅有助于企业实现绿色生产，也符合当前全球环保趋势和可持续发展要求。

三、集成化与模块化工艺流程设计

在机械装配领域，集成化与模块化工艺流程设计正逐渐成为提高效率、优化资源配置的关键手段。随着全球制造业竞争的加剧以及消费者对产品多样化、个性化需求的增长，传统的线性工艺流程已难以满足现代生产的高效与灵活要求。

（一）集成化工艺流程设计的优势

集成化工艺流程设计在机械装配领域的应用具有显著的优势，它通过将原本分散的生产环节和工艺步骤进行有效整合，形成了一个高度集成的生产系统。这种设计方式不仅显著提高了生产效率，降低了生产成本，还确保了产品质量的稳定性和可靠性。首先，集成化工艺流程设计能够显著提高生产效率，通过优化生产流程，减少额外的中间环节和等待时间，实现了生产过程的连续性和高效性。集成化设计还使各个生产环节之间的衔接更加紧密，减少了生产中的非增值时间，从而提高了整体生产效率。其次，集成化工艺流程设计有助于保证产品质量，通过减少中间环节和人为干预，降低了出错率和质量波动。集成化设计还使质量控制更加集中和有效，通过统一的质量管理标准和检测手段，确保了产品质量的稳定性和一致性，此外，集成化工艺流程设计还有助于实现生产资源的优化配置，通过对生产资源进行统一调度和分配，避免了资源的浪费和重复投入。集成化设计还使得生产过程中的信息流通更加顺畅，提高了信息的准确性和及时性，为生产决策提供了有力支持。

（二）模块化工艺流程设计的价值

模块化工艺流程设计则是将生产过程划分为一系列独立且可互换的模块，每个模块完成特定的生产功能。这种设计方式的价值在于能够应对市场的快速变化和产品多样化需求。通过更换或调整模块，企业可以迅速调整生产流程，适应新产品的生产需求。模块化工艺流程还有助于提高生产过程的灵活性和可维护性，降低生产线的停线风险。

四、环保与节能工艺流程创新

随着全球环境保护意识的日益增强和能源资源的日益紧缺，环保与节能已成为机械装配工艺流程创新的重要方向。机械装配作为制造业的核心环节，其工艺流程的环保与节能创新对于实现制造业的可持续发展具有重要意义。

（一）环保与节能工艺流程创新的重要性

模块化工艺流程设计在机械装配领域的应用展现出了其独特的价值，这种设计方式通过将生产过程划分为一系列独立且可互换的模块，为应对市场快速变化和产品多样化需求提供了有效的解决方案。模块化工艺流程设计能够迅速适应新产品的生产需求，由于每个模块都具备特定的生产功能，企业只需通过更换或调整相应的模块，即可快速调整整个生产流程，以适应新产品的装配要求。

模块化工艺流程设计有助于提高生产过程的灵活性和可维护性，由于模块之间是相互独立的，企业可以根据生产需求灵活组合和配置模块，实现生产线的快速调整和扩展，模块化设计还便于对各个模块进行单独的维护和保养，降低了生产线的停线风险，提高了生产效率。模块化工艺流程设计还有助于降低生产成本和缩短生产周期，通过采用标准化的模块设计和通用的接口技术，企业可以实现模块的批量生产和快速更换，降低了生产成本和库存成本。模块化设计还简化了生产流程，减少了额外的中间环节，缩短了生产周期，提高了企业的响应速度。

（二）环保与节能工艺流程创新的关键技术

实现环保与节能工艺流程创新是机械装配领域的重要任务，这依赖于一系列关键技术的突破和应用。清洁生产技术作为核心之一，发挥着举足轻重的作用。在生产过程中，选择使用无毒无害的原材料是首要步骤，这可以从源头上减少污染物的产生。此外，优化生产工艺也是关键，通过改进生产流程，减少废弃物排放，从而显著降低环境污染。清洁生产技术还包括废弃物的减量化、资源化和无害化处理，确保生产过程中的废弃物得到有效处理，避免对环境造成二次污染。节能技术同样是实现环保与节能工艺流程创新的关键，通过改进生产设备，采用高效节能的设备替代传统的高能耗设备，可以显著降低生产过程中的能耗。优化控制系统也是节能的重要手段，通过精确控制生产过程中的各项参数，确保设备在最佳状态下运行，从而提高能源利用效率。此外，企业还可以加强能源管理，建立完善的能源监测和统计制度，及时发现和解决能源浪费问题。资源回收与再利用技术是实现环保与节能工艺流程创新的又一重要手段，在生产过程中，产生的废弃物和余能往往还有一定的价值，通过回收这些资源，不仅可以降低生产成本，还可以减少环境污染。

清洁生产技术、节能技术以及资源回收与再利用技术是实现环保与节能工艺流程创新的关键技术，这些技术的应用将推动机械装配领域向更加环保、节能的方向发展，为可持续发展做出贡献。

第三节　数字化与智能化装配技术

一、数字化装配技术的发展与应用

随着信息技术的飞速发展，数字化与智能化装配技术逐渐成为机械装配领域的重要发展方向。数字化装配技术以数字化模型为核心，通过集成设计、制造、测试等环节，实现了装配过程的精确控制和高效协同。

（一）数字化装配技术的发展

数据驱动的装配过程优化是数字化装配技术的核心应用之一，通过采集装配过程中的大量数据，并利用先进的数据分析技术，我们可以实现对装配过程的精准控制和优化调整。这不仅有助于提高装配的精度和效率，还能减少浪费和成本。装配过程的可视化和仿真也是数字化装配技术的重要应用方向，借助虚拟现实（VR）、增强现实（AR）等先进技术，可以将装配过程以三维立体的形式呈现出来，使操作人员能够更直观地了解装配流程和细节。同时通过仿真技术，还可以在虚拟环境中模拟装配过程，预测可能出现的问题并进行优化，这不仅提高了装配过程的透明度，还有助于降低实际操作中的风险。

装配过程的智能化管理是数字化装配技术的又一重要体现，通过引入人工智能（AI）、物联网（IoT）等先进技术，可以实现对装配过程的智能化管理和优化调度。例如，利用 AI 算法对装配数据进行分析和预测，可以提前发现潜在问题并进行预警；通过物联网技术，可以实现对装配设备的远程监控和维护，确保设备的正常运行和高效利用。这些技术的应用不仅提高了装配过程的自动化和智能化水平，还有助于降低人力成本和提高生产效率。

（二）数字化装配技术在机械装配中的应用价值

数字化装配技术在机械装配中的应用价值主要体现在以下几个方面。一是提高装配精度和效率。通过数字化模型精确指导装配过程，减少装配误差，提高装配精度；同时，数字化装配技术可以实现装配过程的自动化和智能化，提高装配效率。二是降低生产成本。数字化装配技术可以减少原材料消耗和能源消耗，降低生产成本；同时，通过优化装配过程，减少废品率和返修率，进一步降低生产成本。三是提升产品质量和客户满意度。数字化装配技术可以实现装配过程的精确控制和优化调整，提高产品质量；此外，数字化装配技术还可以实现产品定制化生产，满足客户的个性化需求，提升客户满意度。

数字化装配技术的发展与应用为机械装配领域带来了革命性的变革。它通过数据驱动的装配过程优化、装配过程的可视化和仿真以及装配过程的智能化管理等手段，提高了装配精度和效率，降低了生产成本，提升了产品质量和客户满意度。尽管数字化装配技术仍面临一些挑战，但随着新技术的不断发展和应用推广的深入进行，相信未来数字化装配技术将在机械装配领域发挥更加重要的作用，推动制造业实现数字化转型和升级。

二、智能化装配技术的特点与优势

随着工业 4.0 和智能制造的深入发展，智能化装配技术正逐渐成为机械装配领域的核心竞争力。智能化装配技术集成了人工智能、机器学习、大数据分析等先进技术，使装配过程更加高效、精确和灵活。这种技术不仅提高了生产效率和产品质量，还为企业带来了显著的成本节约和市场竞争力提升。

（一）智能化装配技术的核心特点

智能化装配技术实现了高度自动化和智能化。首先，通过引入先进的机器人、自动化设备和智能控制系统，装配过程能够自主完成一系列复杂的操作，大大减少了对人工操作的依赖。其次，智能化装配技术依赖于数据驱动的决策优化，通过采集和分析装配过程中的实时数据，智能化系统能够实时调整和优化装配参数和策略，这种数据驱动的决策方式确保了装配过程的高效和精确，提高了产品质量和生产效率。智能化装配技术展现出了出色的灵活性和可扩展性，无论是面对不同产品还是不同工艺的需求，智能化装配技术都能通过简单的调整和优化来适应。这种灵活性使得企业能够快速响应市场变化，满足客户的多样化需求。

（二）智能化装配技术在提升生产效率和产品质量方面的优势

智能化装配技术在提升生产效率和产品质量方面具有显著优势。首先，通过自动化和智能化的装配过程，可以大幅提高生产效率，缩短生产周期；其次，智能化装配技术可以精确控制每个装配环节，减少人为因素和误差的影响，从而提高产品质量和稳定性。此外，智能化装配技术还可以实现产品的定制化生产，满足市场的多样化和个性化需求。

智能化装配技术以其高度自动化、数据驱动和灵活可扩展的特点，在机械装配领域展现出巨大的潜力和优势。它不仅提高了生产效率和产品质量，还为企业带来了显著的成本节约和市场竞争力提升。随着人工智能、大数据等技术的不断进步和应用推广的深入，相信未来智能化装配技术将在机械装配领域发挥更加重要的作用，推动企业实现智能化转型和升级。同时我们也应看到，智能化装配技术仍面临一些挑战和问题，如技术成本、数据安全等，需要我们在实践中不断探索和创新。

三、人工智能在机械装配中的应用

随着人工智能技术的快速发展，其在各个领域的应用越来越广泛，在机械装配领域，人工智能技术的引入为装配过程的自动化、智能化提供了强大的技术支持。通过深度学习、机器学习等技术，人工智能可以实现对装配过程的精准控制，提高装配效率和产品质量。

（一）人工智能在机械装配中的应用

人工智能在机械装配中的应用已经取得了显著的成果，为现代制造业带来了革命性的变革。

首先，深度学习技术的应用使得机械装配过程实现了自动化分拣和装配。通过训练深度学习模型，人工智能可以识别装配零件的特征，如形状、尺寸和材质等。这使装配线上的机器人或自动化设备能够准确地识别、抓取和放置零件，实现自动化分拣和装配。这不仅提高了装配的效率和精度，还降低了对人工操作的依赖，减少了人为因素带来的误差。

其次，机器学习技术的应用使得机械装配过程具备了预测和优化能力，通过分析历史装配数据，机器学习模型可以学习装配过程中的规律和模式，并预测可能出现的问题，这使得装配线能够在问题发生之前进行干预和调整，避免生产中断和质量问题。

此外，人工智能与机器人技术的结合进一步推动了机械装配的自动化和智能化，通过集成人工智能算法和机器人控制系统，装配线上的机器人可以具备更高级的自主决策和执行能力。它们可以根据装配需求和环境变化进行实时、自适应调整，实现更加灵活和高效的装配作业，这种完全自动化的装配过程不仅提高了生产效率，还降低了劳动力成本和安全风险。

（二）人工智能在机械装配中的未来发展趋势

随着人工智能技术的不断进步和应用领域的拓展，其在机械装配中的应用将更加深入和广泛。未来，人工智能将与物联网、大数据等技术相结合，实现装配过程的全面数字化和智能化。此外，随着深度学习、强化学习等技术的发展，人工智能在机械装配中的决策和优化能力将进一步提升。这些发展趋势将推动机械装配行业实现更加高效、精确和可持续的发展。

人工智能在机械装配中的应用为装配过程的自动化、智能化提供了强大的技术支持。虽然人工智能在机械装配中的应用仍面临着一些挑战和问题，但随着技术的不断进步和应用领域的拓展，未来人工智能将在机械装配领域发挥更加重要的作用。更多创新的人工智能应用案例会纷纷涌现，推动机械装配行业实现更加高效、精确和可持续的发展。

四、数据驱动的装配技术创新

随着大数据时代的来临，数据已经成为驱动各行各业创新发展的关键要素。在机械装配领域，数据驱动的装配技术创新正逐渐成为引领行业变革的重要力量。通过收集、分析装配过程中的海量数据，企业可以洞察装配过程的细微变化，优化装配流程，提高装配效率和产品质量。

（一）数据驱动装配技术创新的核心价值

数据驱动的装配技术创新的核心价值在于通过数据分析提升装配过程的透明度和可预测性。首先，通过对装配过程中产生的数据进行实时采集和分析，企业可以及时发现装配过程中的问题和瓶颈，进而采取有针对性的措施进行改进。其次，借助机器学习、数据挖掘等先进技术，企业可以从海量数据中提取有价值的信息，预测装配过程中可能出现的问题，提前进行干预和调整。这些核心价值使得数据驱动的装配技术创新成为提升装配效率和产品质量的重要手段。

（二）数据驱动装配技术创新在实践中的应用

数据驱动装配技术创新在实践中已经得到了广泛应用，例如通过实时监测装配过程中的温度、压力、振动等关键参数，企业可以及时发现异常情况并进行处理，避免设备故障和产品质量问题。此外，通过分析历史数据，企业还可以对装配流程进行优化，提高装配效率和产品质量。这些实践案例证明了数据驱动装配技术创新的可行性和有效性。

数据驱动的装配技术创新通过收集、分析装配过程中的海量数据，提高了装配过程的透明度和可预测性，为提升装配效率和产品质量提供了有力支持。尽管在实际应用中仍面临着一些挑战和问题，但随着技术的不断进步和应用领域的拓展，相信未来数据驱动装配技术创新将在机械装配领域发挥更加重要的作用。更多创新的数据驱动装配技术应用案例将会涌现，推动机械装配行业实现更加高效、精确和可持续的发展。此外，也需要关注并解决数据准确性、安全性等方面的问题，确保数据驱动装配技术创新能够健康、稳定地发展。

第四节 可持续发展与绿色装配技术

一、绿色装配技术的概念与原则

随着全球环境问题的日益严重，可持续发展已经成为各行各业共同追求的目标。在机械装配领域，绿色装配技术的提出与发展，旨在实现经济效益与环境效益的双赢。绿色装配技术不仅注重装配过程的效率和质量，更强调对环境的影响最小化。本节将探讨绿色装配技术的概念、原则及其在实践中的应用价值。

（一）绿色装配技术的核心概念

绿色装配技术无疑是现代机械制造业中不可或缺的一环，它强调在装配过程中充分融入环保理念，通过一系列技术手段减少对环境的影响，实现资源的有效利用和废弃物的减量化、无害化。首先，减少环境污染是绿色装配技术的核心目标之一，在传统的机械装配过程中，往往会产生大量的废水、废气和固体废弃物，这些都对环境造成了不小的压力。而绿色装配技术则通过采用先进的工艺和设备，减少污染物的产生和排放，从而实现环境的友好型装配。其次，使用环保材料也是绿色装配技术的重要组成部分，在选择装配材料时，应优先考虑那些可降解、可再生或对环境影响较小的材料，这样不仅可以减少对环境资源的消耗，还可以降低废弃物的处理难度和成本。此外，提高装配效率也是绿色装配技术追求的重要目标。通过优化装配流程、采用先进的装配设备和工艺，可以减少装配过程中的能耗和物耗，提高装配质量和效率，不仅可以降低生产成本，还可以减少对环境的影响，实现经济效益和环境效益的双赢。

(二) 绿色装配技术的实践原则

在实践中，绿色装配技术应遵循以下原则。一是优先选择环保材料，选择可再生、可回收或低污染的材料，减少对自然资源的消耗和对环境的污染。二是实施节能工艺，通过优化装配流程、更新节能设备等措施，降低装配过程中的能源消耗。三是实现废弃物的减量化、无害化和资源化，对装配过程中产生的废弃物进行分类处理，尽可能回收利用或进行无害化处理，避免对环境造成二次污染。

绿色装配技术作为实现可持续发展的重要手段之一，已经在机械装配领域得到了广泛的关注和应用。通过采用环保材料、节能工艺和循环经济等手段，绿色装配技术不仅可以提高装配效率和质量，还可以降低对环境的影响。尽管在实践中仍面临一些挑战和问题，但随着技术的不断进步和环保意识的提高，相信未来绿色装配技术将在机械装配领域发挥更加重要的作用。

二、绿色装配技术在机械装配中的实践

随着全球对环境保护和可持续发展的日益关注，绿色装配技术在机械装配领域中的实践变得尤为重要。这种技术不仅关注装配过程的效率和质量，还致力于降低能源消耗、减少环境污染和提高资源利用效率。

(一) 绿色装配技术在机械装配中的实际应用

绿色装配技术在机械装配中的实践确实体现在多个关键方面，这些实践不仅有助于降低环境污染，还能提高资源利用效率，促进可持续发展。在机械装配过程中，选择可再生、可回收或低污染的材料是关键，这些环保材料的使用有助于减少对自然资源的消耗，降低环境污染，实现可持续发展。实施节能措施也是绿色装配技术的重要实践，通过优化装配工艺，可以减少能源消耗。使用节能设备也是实现节能的关键，不仅有助于降低生产成本，还能为企业的可持续发展做出贡献。在机械装配过程中，会产生大量的废弃物和余能。通过实施循环经济，可以对这些废弃物进行分类处理，实现废弃物的减量化、无害化和资源化，不仅能够降低环境污染，还能提高企业的经济效益和社会效益。

(二) 绿色装配技术对环境、经济和社会的影响

从环境角度看，绿色装配技术的实施显著降低了能源消耗和废弃物排放，通过采用节能工艺和设备，装配过程中的能源消耗得到有效控制，减少了对自然资源的过度消耗。同时，废弃物减量化、无害化和资源化的处理方式，大幅降低了对环境的污染，保护了生态平衡。从经济角度看，虽然绿色装配技术的初期投资可能较高，但从长期来看，其经济效益是显著的。一方面，节能措施降低了生产成本，提高了企业的盈利能力；另一方面，通过废弃物资源化利用，企业可以实现资源的循环利用，减少对新资源的依赖，进一步降低成本。从社会角度看，绿色装配技术的实践提升了企业的社会形象。采用环保材料和工艺的企业，展现了对环境保护的积极态度，增强了公众对企业的信任和好感，这有助于企业树立良好的品牌形象，提升企业的社会声誉。

三、可持续发展与绿色装配技术的关系

随着全球环境保护意识的日益增强，可持续发展已成为全球共同追求的目标，机械

装配作为制造业的重要组成部分，其绿色转型是实现可持续发展的关键，绿色装配技术作为实现机械装配绿色转型的重要手段，与可持续发展紧密相连。

绿色装配技术注重环保、节能和资源循环利用，旨在降低装配过程对环境的影响，这种技术与可持续发展的理念高度契合，是实现机械装配领域可持续发展的关键手段。通过采用绿色装配技术，企业可以减少能源消耗、降低废弃物排放、提高资源利用效率，从而减少对环境的负面影响，为可持续发展贡献力量。

可持续发展的理念对机械装配领域提出了更高要求，推动了绿色装配技术的不断创新与发展。为了满足可持续发展的需求，企业需要不断探索新的环保材料、优化装配工艺、提高资源利用效率。这种需求推动了绿色装配技术的不断创新和进步，为机械装配领域的绿色转型提供了有力支持。

绿色装配技术与可持续发展之间相互促进、共同发展。一方面，绿色装配技术的不断创新和发展为可持续发展提供了有力支撑；另一方面，可持续发展的需求又推动了绿色装配技术的不断进步。这种相互促进的状态使得绿色装配技术与可持续发展在机械装配领域形成了良性循环，共同推动着机械装配行业的绿色转型和可持续发展。

可持续发展与绿色装配技术之间存在着紧密的关系。绿色装配技术是实现机械装配领域可持续发展的关键手段，而可持续发展又推动了绿色装配技术的不断创新与发展，这种相互促进的关系使得绿色装配技术与可持续发展在机械装配领域形成了良性循环。

四、绿色装配技术的未来发展方向

随着全球环境保护意识的提升和可持续发展的需求日益迫切，绿色装配技术作为实现机械装配领域绿色转型的重要手段，其未来发展方向备受关注，绿色装配技术将不断创新和发展，以适应更严格的环保标准，满足更广泛的市场需求。

（一）技术创新与材料革新

技术创新和材料革新是推动绿色装配技术发展的关键，绿色装配技术将更加注重环保材料的研发和应用，如可再生材料、生物降解材料等。同时新工艺和新技术的不断涌现，如数字化装配、智能制造等，为绿色装配技术的提升提供有力支撑。

智能化与自动化是绿色装配技术未来发展的重要趋势，随着人工智能、物联网等技术的快速发展，绿色装配技术将逐渐实现智能化和自动化。智能装配系统能够通过实时监测、数据分析和自主决策等手段，优化装配过程，提高资源利用效率。自动化装配线则能够减少人为干预，降低能源消耗和废弃物排放，智能化与自动化的发展将使得绿色装配技术更加高效、精准和可靠，为可持续发展注入新动力。

（二）循环经济与绿色供应链管理

循环经济与绿色供应链管理是绿色装配技术未来发展的重要方向，循环经济强调资源的循环利用和废弃物的减量化、无害化，而绿色供应链管理则注重从源头减少环境污染。绿色装配技术将更加注重与循环经济和绿色供应链管理的结合，推动装配过程中的废弃物回收和资源再利用，同时通过优化供应链管理，降低物料运输过程中的能源消耗和排放，实现绿色装配技术与可持续发展的深度融合。

绿色装配技术的未来发展方向充满挑战与机遇，技术创新与材料革新、智能化与自动化发展以及循环经济与绿色供应链管理将成为其关键发展路径。随着时代的发展、变革的推进，绿色装配技术将不断提升其环保性能和装配效率，为实现可持续发展做出重要贡献。同时也应意识到，实现绿色装配技术的未来发展需要政府、企业和社会各界的共同努力和合作，通过加强政策引导、加大研发投入、推广成功案例等措施，共同推动绿色装配技术的不断创新和发展，为构建绿色、低碳、循环的可持续发展的未来贡献力量。

第六章 机械装配技术应用与展望

机械装配技术作为工业制造的核心环节，其应用广泛而深远。从传统工业制造到现代工业制造，再到未来工业制造，机械装配技术始终发挥着关键作用。本章将全面探讨机械装配技术在工业制造中的应用现状、新兴领域的拓展以及未来的发展方向，旨在展现机械装配技术的巨大潜力和无限可能。同时本章内容也将为相关领域的工程技术人员、研究人员和决策者提供有益的参考和启示，共同推动机械装配技术的创新与发展，引领工业制造迈向新未来。

第一节 机械装配技术在工业制造中的应用

一、机械装配技术在传统工业制造中的应用

机械装配技术作为工业制造中不可或缺的一环，其重要性不言而喻。在传统工业制造中，机械装配技术的应用不仅提高了生产效率，还确保了产品的质量和稳定性。随着科技的不断进步，机械装配技术也在不断创新与发展，以适应更加复杂和精细的制造需求。

（一）机械装配技术在传统工业制造中的基础性应用

机械装配技术作为传统工业制造的基石，其基础性应用贯穿于整个制造流程的始终。无论是在汽车制造中的发动机组装，还是在电子设备生产中的芯片封装，机械装配技术都发挥着不可或缺的作用。

在汽车制造领域，机械装配技术是实现零部件高效、精确组装的关键。通过运用先进的装配工艺和设备，可以确保各个零部件按照设计要求精确对位，并通过螺栓、焊接等方式实现稳固连接。这种精细化的装配过程不仅保证了汽车的整体质量和性能，也为后续的调试和测试工作打下了坚实基础。在电子设备生产领域，机械装配技术的应用同样广泛。随着电子产品的日益小型化和复杂化，对机械装配技术的要求也越来越高。通过引入精密的装配设备和工具，可以实现电子元器件的微小尺寸和高精度装配，确保电子设备在运行时能够稳定、可靠地工作。

此外，在重型机械和航空航天等领域，机械装配技术的基础性应用也显得尤为重要。这些领域的产品往往结构复杂、精度要求极高，需要借助专业的装配设备和工艺来实现零部件的精确组合。机械装配技术的应用不仅保证了产品的质量和性能，也为这些领域的持续发展和创新提供了有力支持。

（二）机械装配技术在传统工业制造中的创新应用

随着科技的不断进步，机械装配技术在传统工业制造中也不断展现出其创新的一面。一方面，新型装配设备和工艺的研发为机械装配带来了革命性的变化。例如，智能

机器人和自动化设备的引入，使得装配过程实现了高度自动化和智能化。这些设备能够通过精确的传感器和算法，实现零部件的自动识别、定位和装配，大大提高了装配的效率和精度。另一方面，机械装配技术也与其他先进技术相结合，形成了更加高效、精准的制造系统。例如，通过引入数字化技术和信息化管理系统，可以实现对装配过程的实时监控和数据分析。这不仅增强了装配过程的可控性和可追溯性，也为优化制造流程和提高生产效率提供了有力支持。此外，机械装配技术还在新材料、新工艺等方面不断进行创新尝试。例如，通过采用新型材料或特殊工艺，可以实现零部件的轻量化、高强度化等目标，从而进一步提高产品的性能和质量。

（三）机械装配技术在传统工业制造中的扩展应用

除了在汽车制造、电子设备生产等基础领域的应用，机械装配技术还在重型机械、航空航天等高端领域实现了扩展应用。

在重型机械领域，机械装配技术是实现大型设备精确组装的关键。这些设备往往结构庞大、零部件众多，需要借助专业的装配设备和工艺来实现高效、精确的组装。机械装配技术的应用不仅保证了设备的整体性能和稳定性，也提高了生产效率，降低了制造成本。

在航空航天领域，机械装配技术的扩展应用更是不可或缺。航空航天产品对精度和可靠性要求极高，每一个零部件的装配都关乎整个产品的安全性能。机械装配技术通过精确的工艺和高效的设备，实现了航空航天产品的精密组装，为行业的持续发展提供了有力支撑。

机械装配技术在传统工业制造中的应用广泛而深入。无论是作为基础性技术支撑制造流程的顺利进行，还是通过创新应用推动制造过程的智能化和高效化，抑或是通过扩展应用拓展至更多高端领域，机械装配技术都在不断为传统工业制造带来新的活力和机遇。随着技术的不断进步和应用领域的不断扩大，相信机械装配技术将在未来继续发挥更加重要的作用，推动传统工业制造向更高水平迈进。

二、机械装配技术在现代工业制造中的应用

随着科技的飞速发展和工业4.0的推进，现代工业制造正经历着前所未有的变革。作为制造业核心环节的机械装配技术，也在不断地适应和创新，以满足现代工业制造对精度、效率、智能化和灵活性的要求。从高度自动化的生产线到精密复杂的装配工艺，机械装配技术在现代工业制造中的应用越来越广泛，作用也越来越重要。本部分将深入探讨机械装配技术在现代工业制造中的应用，并展望其未来的发展趋势。

（一）机械装配技术在现代工业制造中的高精度应用

现代工业制造对产品的精度和性能要求达到了前所未有的高度。尤其是在航空、汽车、电子等高精度产业中，对于产品细微之处的把握，直接关系到整体性能的发挥和安全系数的提升。在此背景下，机械装配技术的作用显得越发重要。为了满足现代工业对精度的极致追求，机械装配技术不断引入先进的测量设备、控制系统和精密装配工艺。这些技术的应用，使得装配过程实现了微米（μm）甚至纳米（nm）级别的精度控制。例如，在航空领域，飞机发动机内部的零部件装配需要达到极高的精度，以确保发动机在高空高速运转时的稳定性和可靠性。机械装配技术通过精确的测量和控制系统，实现

了零部件的微米级装配，确保了发动机的性能和安全性。

在汽车制造领域，随着消费者对汽车性能和舒适度的要求不断提高，汽车制造厂商对机械装配技术的要求也越来越高。通过引入先进的装配工艺和设备，汽车制造厂商可以实现零部件的高精度装配，从而提高汽车的操控性、稳定性和舒适性。在电子领域，随着电子产品的微型化和集成化，对机械装配技术的要求也越来越高。通过采用精密的装配设备和工艺，可以实现电子元器件的微小尺寸和高精度装配，确保电子产品的性能和可靠性。这种高精度应用不仅确保了产品的性能和质量，还推动了相关产业的技术进步和产业升级。

（二）机械装配技术的智能化与自动化发展

随着人工智能技术的快速发展，机械装配技术正逐步实现智能化。智能装配系统能够自主完成复杂的装配任务，集成先进的传感器、控制器和算法，实现对装配过程的精确控制。智能装配系统具备数据分析和学习能力，能够根据历史数据和实时反馈不断优化装配工艺，系统可以识别装配过程中的异常情况和潜在问题，并自动调整装配参数或采取相应措施，以确保装配的准确性和效率。

自动化装配线是机械装配技术自动化的重要体现，采用先进的传送系统和定位装置，确保零部件的准确传输和定位，通过高精度传感器和控制系统，机器人能够精确地完成零部件的抓取、定位、装配等任务，实现装配过程的自动化和连续化。自动化装配线还可以根据生产需求进行灵活调整和优化，模块化设计和可重构技术，装配线可以适应不同产品和工艺的装配需求，提高生产线的适应性和灵活性。具体应用见表 6-1-1。

表 6-1-1　机械装配技术智能化与自动化应用方式

应用方式		描述
智能化装配系统构建	引入人工智能算法	集成机器学习、深度学习等算法，使装配系统具备数据分析和学习能力
	装配过程监控与反馈	通过传感器和控制器实时收集装配数据，进行监控并反馈给系统进行分析
	工艺优化与自适应调整	根据数据分析和学习结果，自动调整装配参数，优化装配工艺，提高装配精度和效率
	智能化决策支持	利用数据分析结果，为生产管理和决策提供智能化支持，如预测维护、产能规划等
自动化装配线升级	自动化设备和机器人	在装配线上引入自动化设备和机器人，替代传统的人工操作
	自动化流程设计	根据产品特点和装配需求，设计自动化装配流程，确保零部件的精确传输和定位
	控制系统集成	集成先进的控制系统，实现机器人和自动化设备的精确控制和协同工作
	模块化与可重构设计	采用模块化设计和可重构技术，使装配线能够灵活适应不同产品和工艺的装配需求

（三）机械装配技术的模块化与柔性化应用

现代工业制造要求装配技术能够适应多品种、小批量的生产模式，实现快速换型和灵活调整。机械装配技术的模块化设计使得装配过程更加灵活，能够快速适应不同产品的装配需求。同时，通过引入柔性制造系统和模块化装配线，机械装配技术能够实现快速换型和高效生产，满足现代工业制造对灵活性和响应速度的要求。

机械装配技术在现代工业制造中的应用日益广泛，发挥着举足轻重的作用。高精度应用确保了产品的性能和质量，智能化与自动化发展提高了生产效率和稳定性，模块化与柔性化应用则满足了现代工业制造对灵活性和响应速度的要求。

三、机械装配技术在未来工业制造中的展望

随着科技的飞速发展和全球制造业的不断变革，未来工业制造将呈现出更加智能化、高效化、绿色化和可持续化的趋势。作为工业制造中不可或缺的一环，机械装配技术也将迎来新的发展机遇和挑战。

（一）机械装配技术将更加智能化和自动化

随着人工智能、物联网、大数据等技术的不断发展，未来机械装配技术将迎来更加智能化和自动化的新时代。智能装配系统将成为引领行业变革的重要力量，通过深度学习、自主决策等先进技术手段，实现装配过程的自主化和智能化。智能装配系统将借助深度学习技术，不断学习和优化装配工艺。通过大量的装配数据训练，系统能够识别出装配过程中的关键参数和影响因素，并自主调整装配策略，以实现更高的装配精度和效率。同时，智能装配系统还将具备自主决策能力，能够根据实际情况进行实时判断和决策，解决装配过程中的复杂问题。

自动化装配线也将迎来更加高效、灵活的发展。随着机器人技术和自动化设备的不断进步，自动化装配线将能够应对更加复杂多变的制造需求，通过模块化设计和可重构技术，装配线可以灵活调整生产布局和工艺路线，以适应不同产品和工艺的装配要求。同时，自动化装配线还将实现与智能装配系统的无缝对接，实现装配过程的全面自动化和智能化。此外，随着5G网络、云计算等技术的普及和应用，机械装配过程将实现远程监控和实时数据分析，通过5G网络的高速传输和低延迟特性，企业可以实现对装配过程的远程实时监控和管理。同时，云计算技术将为装配数据的存储和分析提供强大的支持，实现数据的实时处理和挖掘。这将有助于企业及时发现装配过程中的问题，并进行有针对性的改进和优化，进一步提高生产效率和质量稳定性。

（二）机械装配技术将更加注重绿色化和可持续化

面对全球日益严峻的环境问题和资源压力，未来工业制造将更加注重绿色化和可持续化。机械装配技术作为工业制造的重要环节，也将积极响应这一趋势。通过采用环保材料、优化装配工艺、降低能源消耗等手段，机械装配技术将实现更加绿色、低碳的生产过程。同时，循环经济和绿色供应链管理的理念将深入机械装配领域，推动废弃物的回收和资源再利用，为可持续发展贡献力量。

未来工业制造将更加注重人机协同和柔性制造，以满足消费者对个性化、定制化产品的需求。机械装配技术将不再仅仅关注机器的高效率，而是更加注重与人的协同作业和柔性生产。通过引入人机交互技术、智能穿戴设备等手段，机械装配过程将实现更加人性化的操作和管理。同时，柔性制造系统的应用将使得机械装配技术能够快速适应不同产品的装配需求，实现高效、灵活的生产模式。

机械装配技术在未来工业制造中将迎来更加广阔的发展空间和挑战，智能化、自动化、绿色化、可持续化、人机协同和柔性制造将成为机械装配技术的发展趋势和主要方

向，通过不断的技术创新和产业升级，机械装配技术将为实现工业制造的转型升级和可持续发展做出更大贡献。同时我们也应关注人才培养、技术创新和产业升级等方面的问题，为机械装配技术的未来发展提供有力保障，在全球制造业竞争日益激烈的背景下，只有不断创新和进步，机械装配技术才能在未来工业制造中立足并取得更大的成功。

四、机械装配技术在工业制造中的经济效益

机械装配技术作为工业制造的核心环节，不仅关乎产品的质量和性能，更与企业的经济效益紧密相连，在现代工业体系中，高效的机械装配技术不仅能够提升生产效率，降低生产成本，还能够增强企业的市场竞争力。

（一）提升生产效率，增强品牌价值

机械装配技术的优化和应用，对于现代工业制造而言，具有举足轻重的意义。它不仅能够显著提高生产效率，缩短产品从原材料到成品的周期，而且对于企业的经济效益和市场竞争力也具有积极的推动作用。

高效的装配线减少了生产中的等待时间和资源浪费，使得整个生产过程更加紧凑和高效。通过引入先进的自动化设备和机器人技术，装配线能够实现连续、稳定的生产，减少了人为因素的干扰和错误。这种自动化和智能化的生产方式，不仅提高了生产效率，还降低了生产成本，为企业带来了实实在在的经济效益。机械装配技术的优化还能够降低人力成本，减少生产中的错误和返工率。随着技术的发展，许多传统的装配工作逐渐被机器人和自动化设备所取代，从而降低了对人力的需求。同时，机械装配技术的精准度和稳定性也得到了显著提升，大大降低了生产中的错误率，进一步提高了生产效率和产品质量。

这些成本的节约和效率的提升，直接转化为企业的经济效益，增强了企业的市场竞争力。在激烈的市场竞争中，拥有高效、稳定的机械装配技术的企业往往能够更快地响应市场需求，推出更高品质的产品，从而在市场中占据更有利的地位。

（二）机械装配技术创新推动产业升级，创造新的经济增长点

机械装配技术的不断创新和发展，正推动着工业制造领域经历一场深刻的转型升级。随着科技的进步，新的装配工艺和设备不断涌现，它们不仅显著提高了生产效率和质量，更为企业创造了全新的经济增长点，引领着工业制造走向更加智能化、自动化的未来。

智能化和自动化的装配技术，无疑是这一转型升级过程中最为亮眼的创新之一。利用先进的传感器、控制系统和机器人技术，实现了对装配过程的精准控制和高效执行。这不仅使得装配过程更加稳定可靠，提高了产品的质量和一致性，同时也大幅降低了人力成本，减少了人为因素导致的错误和延误。更为重要的是，智能化和自动化的装配技术为企业开辟了智能制造的新领域。在这一领域，企业可以通过数据分析和学习，不断优化装配工艺，提高生产效率和质量。同时，这些技术还为企业提供了更多的增值服务机会，如定制化生产、远程监控和维护等，进一步拓展了企业的业务范围和盈利能力。

这些创新不仅增强了企业的盈利能力，更为整个工业制造行业的进步和发展做出了重要贡献。它们推动了工业制造向更加高效、智能、绿色的方向发展，提高了整个行业的竞争力和可持续发展能力。随着人工智能、物联网、大数据等技术的进一步发展，机

械装配技术还将迎来更多的创新和应用，这些创新将不断推动工业制造行业的转型升级，为人类社会带来更多的福祉和进步。

第二节　机械装配技术在新兴领域的应用

一、机械装配技术在航空航天领域的应用

航空航天领域作为高科技的代表，对机械装配技术的要求极高，在这个领域中，机械装配技术不仅关乎产品的性能和安全，更直接影响到国家的科技实力和国防安全，因此机械装配技术在航空航天领域的应用显得尤为重要。

航空航天领域对产品的精度和可靠性要求极高。机械装配技术通过引入先进的测量设备、控制系统和精密装配工艺，能够实现微米甚至纳米级别的装配精度。这种高精度应用确保了航空航天产品的性能和安全，如卫星、火箭等关键部件的精确装配。同时，高精度装配还提高了产品的可靠性和使用寿命，为航空航天领域的可持续发展提供了有力保障。

随着智能化和自动化技术的不断发展，机械装配技术在航空航天领域中也得到了广泛应用。智能装配系统能够自主完成复杂的装配任务，通过数据分析和学习不断优化装配工艺。自动化装配线则减少了人为干预，提高了生产效率和产品质量稳定性。这些智能化和自动化的应用不仅提高了航空航天产品的生产效率，还降低了生产成本，为航空航天领域的快速发展提供了有力支撑。

航空航天领域对机械装配技术的创新应用需求迫切。随着新材料、新工艺的不断涌现，机械装配技术也需要不断创新以适应新的制造需求。例如，采用新型复合材料制造的航空航天产品对装配工艺提出了更高要求，机械装配技术需要不断创新以满足这些需求。同时，随着增材制造、柔性制造等新技术的发展，机械装配技术也在不断探索新的应用领域和模式。机械装配技术在航空航天领域中的应用具有重要意义。高精度应用确保了产品的性能和安全，智能化和自动化的发展提高了生产效率和产品质量稳定性，而创新应用则不断推动着机械装配技术的进步和发展。

二、机械装配技术在汽车制造领域的应用

汽车制造业作为现代工业的支柱之一，对机械装配技术的依赖尤为突出。随着汽车市场的日益繁荣和消费者对汽车性能要求的不断提高，机械装配技术在汽车制造领域的应用越来越广泛，从简单的零部件装配到复杂的整车制造，机械装配技术都在发挥着不可替代的作用。

汽车制造对机械装配的精度和质量要求极高，现代汽车制造中，大量的零部件需要通过精确的装配来保证整车的性能和质量。机械装配技术通过引入先进的测量设备、控制系统和装配工艺，实现了高精度的装配，确保了汽车零部件的准确安装和整车的性能稳定。同时，高质量的装配过程也减少了故障和返修率，提高了汽车的可靠性和耐久性，为汽车制造业赢得了良好的口碑和市场竞争力。

随着自动化和智能化技术的不断进步，机械装配技术在汽车制造领域也得到显著的

发展，自动化装配线通过引入机器人、自动化设备等，实现了高效、准确的装配过程，提高了生产效率和产品质量。同时智能化技术的应用也使得机械装配过程更加灵活和智能，例如通过引入机器视觉、传感器等技术，机械装配系统能够自动识别零部件并进行精确的装配，大大提高了装配的自动化程度和智能化水平。在汽车制造行业中，产品的多样性和个性化需求日益突出，为了满足这一需求，机械装配技术正朝着模块化和柔性化的方向发展，模块化设计使得汽车零部件更加标准化和可互换，简化了装配过程，提高了生产效率。同时柔性制造系统的应用也使得机械装配技术能够快速适应不同车型和零部件的装配需求，实现了生产的高效切换和灵活调整，这种模块化和柔性化的应用不仅满足了汽车制造的个性化需求，也提高了企业的生产效率和市场竞争力。

机械装配技术在汽车制造领域的应用广泛而深入，其高精度、高质量、自动化、智能化以及模块化和柔性化的特点为汽车制造业的发展提供了强有力的支撑。随着科技的不断进步和消费者对汽车性能要求的不断提高，机械装配技术将面临更多的挑战和机遇。

三、机械装配技术在电子设备制造领域的应用

随着电子科技的飞速发展，电子设备已渗透到人们生活的方方面面，从智能手机到高端医疗设备，从家用电器到航空航天控制系统，都离不开精密而高效的机械装配技术，电子设备制造对装配的精度、速度和柔性化要求极高，这使得机械装配技术在该领域扮演着举足轻重的角色。

电子设备制造过程中，各零部件的尺寸和位置精度直接影响到最终产品的性能和质量，机械装配技术通过采用高精度的测量设备、装配工艺和控制系统，确保了零部件的精确装配。同时对于微小零部件的装配，机械装配技术还引入了显微操作、激光定位等先进技术，进一步提高了装配的精度和质量，这种高精度、高质量的装配技术为电子设备的稳定性和可靠性提供了有力保障。

电子设备制造对生产效率有着极高的要求，自动化和智能化成为机械装配技术在该领域应用的重要趋势。通过引入机器人、自动化设备和智能控制系统，机械装配技术实现了从零部件抓取、定位到装配的全程自动化，大大提高了生产效率。同时智能化技术的应用也使得机械装配系统能够自主识别零部件、调整装配参数，实现了装配过程的智能化管理，这种自动化、智能化的装配技术不仅提高了生产效率，还减少人为错误、降低成本。为了适应这种变化，机械装配技术正朝着模块化和柔性化的方向发展，模块化设计使得电子设备零部件更加标准化和可互换，简化了装配过程。同时柔性制造系统的应用也使得机械装配技术能够快速适应不同产品的装配需求，实现了生产的高效切换和灵活调整，这种模块化和柔性化的应用不仅满足了电子设备制造的个性化需求，也提高了企业的生产效率和市场竞争力。

机械装配技术在电子设备制造领域的应用广泛而深入，其高精度、高质量、自动化、智能化以及模块化和柔性化的特点为电子设备制造业的发展提供了强有力的支撑，随着电子科技的不断进步和消费者对电子产品性能要求的不断提高，机械装配技术将面临更多的挑战和机遇。

四、机械装配技术在医疗设备制造领域的应用

医疗设备作为关乎人类健康与生命安全的重要产品，其制造过程对机械装配技术的要求极高，从精密的医疗器械到复杂的医疗设备，机械装配技术都扮演着至关重要的角色。医疗设备的精度、稳定性和可靠性直接关系到患者的诊疗效果和生命安全，因此，机械装配技术在医疗设备制造领域的应用不仅要求高精度、高质量，还需要满足严格的行业标准和法规要求。

医疗设备制造过程中，对零部件的尺寸、形状和位置的精度要求极高，机械装配技术通过引入先进的测量设备、精密的装配工艺和严格的质量控制体系，确保了医疗设备零部件的精确装配。同时，对于高精度、高稳定性的医疗设备，机械装配技术还采用了微纳米级的加工技术和超精密装配工艺，进一步提高了医疗设备的性能和可靠性，这种高精度、高质量的装配技术为医疗设备的精准诊疗和患者的生命安全提供了有力保障。医疗设备的制造过程往往涉及复杂的装配工序和严格的质量检测要求，自动化和智能化成为机械装配技术在该领域应用的重要趋势。通过引入机器人、自动化设备和智能控制系统，机械装配技术实现了从零部件抓取、定位到装配的全程自动化，大大提高了生产效率。同时智能化技术的应用也使得机械装配系统能够自主识别零部件、调整装配参数，实现了装配过程的智能化管理。

随着医疗技术的不断发展和个性化需求的增加，医疗设备的制造需求呈现出多样化和定制化的特点。为了满足这种变化，机械装配技术正朝着定制化和柔性化的方向发展。定制化设计使得医疗设备能够更好地满足患者的个性化需求，提高诊疗效果。同时柔性制造系统的应用也使得机械装配技术能够快速适应不同医疗设备的装配需求，实现了生产的高效切换和灵活调整，定制化和柔性化的应用不仅满足了医疗设备制造的个性化需求，也提高了企业的生产效率和市场竞争力。

第三节　机械装配技术的未来发展方向

一、机械装配技术的未来发展趋势

随着科技的飞速发展和工业4.0的推进，机械装配技术正面临前所未有的变革。智能制造、大数据、人工智能等技术的融合，为机械装配技术带来了无限的可能性。

（一）智能化与自动化的深度融合

随着人工智能、机器学习等技术的快速发展，未来的机械装配技术将更加智能化和自动化，智能化的装配系统能够自主识别零部件、优化装配路径、预测设备故障，实现装配过程的自适应调整。同时通过引入机器人、自动化设备，实现装配线的全自动化，大幅提高生产效率。智能化与自动化的深度融合，将使得机械装配过程更加高效、精准和可靠。

在大数据时代，机械装配技术将充分利用大数据和云计算技术，实现装配过程的数字化和智能化，通过对海量数据的收集、分析和处理，企业可以精准掌握装配过程的各项指标，及时发现问题并进行优化。同时，云计算技术的应用将使得装配数据实现实时

共享和协同，提高企业内部和供应链之间的协作效率，大数据与云计算的广泛应用，将为机械装配技术的创新和发展提供有力支持。

（二）模块化与柔性化的制造模式

面对日益多样化的市场需求，未来的机械装配技术将更加注重模块化与柔性化的制造模式，模块化设计使得零部件更加标准化和可互换，简化了装配过程。同时，柔性制造系统的应用将使得装配线能够快速适应不同产品的装配需求，实现生产的高效切换和灵活调整，这种模块化与柔性化的制造模式将大大提高企业的生产效率和市场竞争力。

机械装配技术的未来发展方向充满变革和机遇，智能化与自动化的深度融合、大数据与云计算的广泛应用以及模块化与柔性化的制造模式，将成为机械装配技术发展的三大趋势。面对这些趋势，我们需要加大技术研发和投入力度，推动机械装配技术的创新与发展，同时还需要加强人才培养和跨界合作，共同推动机械装配技术在未来的可持续发展，在这个过程中，机械装配技术将不断突破传统界限，为工业制造领域的转型升级和可持续发展做出更大的贡献。

二、机械装配技术的技术创新重点

在全球化和高度竞争的制造业环境中，机械装配技术的创新已成为推动企业持续发展和提升市场竞争力的关键，随着科技的进步和市场的不断变化，机械装配技术正面临着一系列的技术创新要求，这些创新不仅涉及装配过程的自动化和智能化，还包括提高装配精度、效率和质量等方面的技术突破。

（一）高精度装配技术

随着制造业对产品质量和性能要求的提高，高精度装配技术已成为机械装配技术创新的重点之一，高精度装配技术涉及精密测量、微纳米级加工、超精密装配等多个方面，通过引入先进的测量设备、加工技术和装配工艺，可以显著提高装配的精度和稳定性。同时，高精度装配技术的创新还可以应用于医疗、航空航天等领域，推动这些领域的技术进步和产业升级。

（二）自动化与智能化装配技术

自动化与智能化是机械装配技术创新的另一个重要方向。通过引入机器人、自动化设备和智能控制系统，可以实现装配过程的自动化和智能化管理，这不仅可以大幅提高装配效率，降低人力成本，还可以提高装配过程的稳定性和可靠性。同时随着人工智能技术的发展，未来的机械装配技术还将实现更加智能化的装配过程，包括自主识别零部件、优化装配路径、预测设备故障等。

（三）柔性化与模块化装配技术

面对市场的多样化和个性化需求，柔性化与模块化装配技术成为机械装配技术创新的又一重点，通过模块化设计，可以实现零部件的标准化和可互换性，简化装配过程。同时，柔性制造系统的应用可以使得装配线能够快速适应不同产品的装配需求，实现生产的高效切换和灵活调整，这种柔性化与模块化装配技术的探索与实践，将大大提高企业的生产效率和市场竞争力，满足市场的多样化需求。

机械装配技术的技术创新重点涵盖了高精度装配技术、自动化与智能化装配技术以及柔性化与模块化装配技术等多个方面，这些技术创新不仅可以提高装配的精度、效率和质量，还可以推动制造业的转型升级和可持续发展。

三、机械装配技术的人才培养与引进

随着机械装配技术在制造业中的日益重要，对于掌握这一技术的专业人才的需求也日益增长。机械装配技术的人才培养与引进，不仅关系到企业的技术水平和竞争力，也影响着整个制造业的发展，因此，如何有效地进行机械装配技术的人才培养与引进，成为当前制造业面临的重要课题。

（一）加强机械装配技术的专业教育与培训

为了满足制造业对机械装配技术人才的需求，首先应加强机械装配技术的专业教育与培训，这包括在大学和职业技术学院中设立相关的专业课程，为学生提供系统的理论知识和实践技能培养。同时，企业也应设立内部培训机制，为员工提供持续的技能提升和职业发展机会，通过加强专业教育与培训，可以培养出更多具备机械装配技术理论知识和实践经验的专业人才。

（二）建立产学研合作机制，促进人才培养与技术创新

产学研合作是人才培养和技术创新的有效途径，通过建立企业与高校、研究机构的合作机制，可以实现资源共享、优势互补，促进人才培养和技术创新的深度融合。企业可以提供实践平台和实际问题，高校和研究机构则可以提供先进的理论研究和技术支持，通过产学研合作，可以培养出更多既具备理论知识又具备实践经验的机械装配技术人才，还可以推动机械装配技术的不断创新和发展。引进高层次人才是快速提升机械装配技术水平的有效途径，企业应积极招聘国内外优秀的机械装配技术人才，为其提供优厚的待遇和良好的工作环境。同时，企业还可以通过与国际知名企业和高校建立合作关系，引进先进的技术和管理经验，通过引进高层次人才和技术合作，可以快速提升企业的机械装配技术水平，提高企业的核心竞争力和市场竞争力。

机械装配技术的人才培养与引进是制造业持续发展的重要保障，通过加强专业教育与培训、建立产学研合作机制以及引进高层次人才，可以为企业培养和引进更多的机械装配技术人才，提升企业的技术水平和市场竞争力。同时，这些措施也可以促进机械装配技术的不断创新和发展，推动制造业的转型升级和可持续发展，面对未来的人才需求和技术挑战，制造业应积极探索和创新人才培养与引进模式，为机械装配技术的发展提供有力的人才保障。

四、机械装配技术的政策与战略支持

机械装配技术作为制造业的核心环节，对于提升国家整体工业实力、促进产业升级和经济增长具有至关重要的作用，随着全球竞争的加剧和技术创新的不断深入，机械装配技术的发展受到了各国政府的高度重视，政策与战略支持在推动机械装配技术发展中扮演着举足轻重的角色。

（一）政府政策对机械装配技术发展的引导与扶持

政府政策在机械装配技术的发展中发挥着关键的引导作用，通过制定一系列的政策措施，如税收优惠、资金扶持、研发补贴等，政府可以鼓励企业加大对机械装配技术的投入，推动技术创新和产业升级。政府也可以通过设立专项基金、建设创新平台等方

式，为企业提供更加全面和精准的支持，促进机械装配技术的快速发展。国家战略对于机械装配技术的发展具有全局性和长远性的指导意义，通过将机械装配技术纳入国家发展战略，可以明确行业的发展方向和目标，为企业提供清晰的发展路径。国家战略还可以促进跨行业的合作与协同，整合各方资源，形成合力，推动机械装配技术的创新发展，国家战略还可以通过加强与国际先进水平的对接，提升机械装配技术的国际竞争力。

（二）法规标准对机械装配技术发展的规范与保障

法规标准在机械装配技术的发展中起着规范和保障的作用，通过制定严格的法规和标准，可以确保机械装配技术的质量和安全性能达到国际标准，提高企业的竞争力和市场份额。此外，法规标准还可以促进机械装配技术的标准化和规范化发展，降低企业的研发成本和生产成本，提高整个行业的效率和效益，法规标准还可以为消费者提供更加可靠和优质的产品及服务，保障消费者的权益和利益。

机械装配技术的政策与战略支持是推动其快速发展的重要保障，政府政策、国家战略和法规标准在机械装配技术的发展中发挥着重要的作用，通过政策引导和扶持、战略规划与推动以及法规规范和保障，可以推动机械装配技术的创新和发展，提高企业的竞争力和市场份额，促进产业升级和经济增长。面对未来的挑战和机遇，各国政府应继续加大对机械装配技术的政策与战略支持力度，为行业的可持续发展提供有力的保障。